Dietmar Plath, Achim Figgen, Brigitte Rothfischer
Verkehrsflugzeuge

*Für Flüge in das Spielerparadies Las Vegas setzt Virgin Atlantic die Boeing 747-400 ein.*

# Verkehrs-flugzeuge

Figgen / Plath
Rothfischer

## Das neue Typen-Taschenbuch

*Die riesigen Dimensionen der „Triple Seven"-Antriebe werden auf dieser Aufnahme einer 777-200 von Emirates Airline besonders deutlich.*

# Inhaltsverzeichnis

| | |
|---|---|
| Flugzeughersteller | 6 |
| Airbus | 6 |
| Boeing | 10 |
| Bombardier | 14 |
| Embraer | 18 |
| Weitere Hersteller aus aller Welt | 22 |
| | |
| Airbus A300 | 26 |
| Airbus A310 | 28 |
| Airbus A320-Familie | 30 |
| Airbus A330 | 36 |
| Airbus A340 | 40 |
| Airbus A350 | 46 |
| Airbus A380 | 48 |
| Antonow AN-24 | 54 |
| Antonow AN-140 | 56 |
| Antonow AN-148 | 58 |
| ATR 42 | 60 |
| ATR 72 | 62 |
| Boeing 717 | 64 |
| Boeing 727 | 66 |
| Boeing 737 | 68 |
| Boeing 747 | 74 |
| Boeing 757 | 82 |
| Boeing 767 | 86 |
| Boeing 777 | 90 |
| Boeing 787 | 96 |
| Bombardier CRJ | 100 |
| Bombardier CSeries | 104 |
| de Havilland Canada Dash 8 | 106 |
| BAe 146 / Avro RJ | 110 |
| Jetstream | 114 |
| ATP | 116 |
| Britten-Norman BN-2 Islander | 117 |
| Britten-Norman BN-2 Mk III Trislander | 118 |
| CASA C212 Aviocar | 119 |
| CASA/IPTN (Airtech) CN235 | 120 |
| COMAC ARJ21 | 122 |
| de Havilland Canada DHC-6 | 124 |
| de Havilland Canada Dash 7 | 126 |
| Dornier Do 228 | 128 |
| Dornier 328 | 130 |
| Embraer EMB 120 | 133 |
| Embraer ERJ-145-Familie | 134 |
| Embraer E-Jets | 138 |
| Fairchild (Swearingen) Metro | 143 |
| Fokker F28 Fellowship | 144 |
| Fokker 50 | 146 |
| Fokker 70 | 148 |
| Fokker 100 | 150 |
| Iljuschin Il-62 | 152 |
| Iljuschin IL-86 | 154 |
| Iljuschin IL-96 | 156 |
| Iljuschin IL-114 | 158 |
| Jakowlew Jak-40 | 159 |
| Jakowlew Jak-42 | 160 |
| Let L 410 Turbolet | 162 |
| Lockheed L-1011 TriStar | 164 |
| McDonnell Douglas DC-9 | 166 |
| McDonnell Douglas DC-10 | 168 |
| McDonnell Douglas MD-11 | 170 |
| McDonnell Douglas MD-80 | 172 |
| McDonnell Douglas MD-90 | 174 |
| Raytheon Beech 1900 | 175 |
| Saab 340 | 176 |
| Saab 2000 | 177 |
| Shorts 360 | 179 |
| Suchoj Superjet 100 | 180 |
| Tupolew TU-134 | 182 |
| Tupolew TU-154 | 184 |
| Tupolew TU-204 | 186 |
| | |
| Die Autoren | 190 |
| Impressum / Bildnachweis | 192 |

# Airbus

*Die französische Caravelle war eine der ersten erfolgreichen europäischen Nachkriegsentwicklungen.*

## Airbus

Die europäische Luftfahrtindustrie hat seit dem Zweiten Weltkrieg einen Konzentrationsprozess durchlebt, der zunächst innerhalb der einzelnen Länder und in den vergangenen rund 40 Jahren auch grenzüberschreitend das Gesicht dieser Branche tiefgreifend verändert hat. Nach 1945 versuchten die Flugzeughersteller der europäischen Länder mit unterschiedlichem Erfolg, an die Vorkriegszeit anzuknüpfen. Viele der erfahrenen deutschen Konstrukteure waren mehr oder weniger freiwillig in die UdSSR oder die USA gegangen beziehungsweise in andere Länder emigriert, zumal der Flugzeugbau in ihrem Heimatland bis auf weiteres verboten war. Daher blieb das Feld in Europa größtenteils den Siegernationen Großbritannien und Frankreich überlassen. Von der Vickers Viscount mit Turbopropantrieb und dem zweistrahligen Kurzstreckenjet Sud-Est Caravelle einmal abgesehen, konnte kaum einer der Entwürfe mit größeren Verkaufszahlen aufwarten. Das gilt auch für die in Deutschland entwickelten Passagierjets wie die 152 aus Dresden oder die in Bremen produzierte VFW 614. Deutlich erfolgreicher war der holländische Hersteller Fokker mit seiner F27-Turboprop, die nicht zuletzt dank ihrer Vielseitigkeit Käufer in aller Welt fand.

Viele der anderen Entwürfe orientierten sich dagegen zu stark an den Bedürfnissen der jeweiligen nationalen Fluggesellschaften, um auch außerhalb des Heimatlandes Käufer zu finden. Entsprechend sank die Bedeutung europäischer Hersteller im Vergleich zu den großen US-amerikani-

# Flugzeughersteller

schen Konzernen wie Boeing und Douglas. Nach und nach wuchs bei den Verantwortlichen in Industrie und Politik die Erkenntnis, dass die Zukunft nur in einer grenzüberschreitenden Kooperation liegen konnte. In der Tat hatte es – trotz vielfach vorhandener Animositäten – bereits einige Mut machende Beispiele erfolgreicher Zusammenarbeit gegeben, beispielsweise als Sud-Est für die Caravelle-Prototypen praktisch das Cockpit der britischen de Havilland Comet übernahm und natürlich beim Überschallprojekt Concorde.

## Erste Kontakte

Schon Mitte der sechziger Jahre gab es erste Kontakte zwischen britischen, deutschen und französischen Stellen, bei denen Entwicklung und Bau eines neuen Verkehrsflugzeugs im Mittelpunkt standen. In Deutschland wurde Anfang Juli 1965 zunächst eine „Studiengruppe Airbus" und dann am 23. Dezember desselben Jahres die „Arbeitsgemeinschaft Airbus" gegründet, an der die damals noch selbstständigen Unternehmen Bölkow, Dornier, Messerschmitt, HFB, Siebel/ATG und VFW beteiligt waren. Im September 1967 ging daraus die Deutsche Airbus GmbH hervor, die für den deutschen Anteil an einem geplanten europäischen Passagierflugzeug, das zu jener Zeit immer konkretere Formen annahm, verantwortlich sein sollte. Auf französischer Seite wurde schließlich Sud Aviation für diese Aufgabe ausgewählt. Das staatliche Unternehmen hatte zuvor gemeinsam mit dem unabhängigen Hersteller Dassault an einem „Galion" genannten eigenen Entwurf gearbeitet, während die ebenfalls staatliche Nord Aviation zusammen mit der privaten – und bald darauf mit Dassault fusionierten – Firma Breguet sowie mit Hawker Siddeley aus Großbritannien ein Projekt namens HBN-100 vorgelegt hatte.

Überhaupt, die Briten: Sie waren die große Unbekannte in der Airbus-Gleichung. Ursprünglich sollten sie einen 37,5-prozentigen Anteil an dem geplanten Flugzeugprogramm, das zu diesem Zeitpunkt schon die Bezeichnung A300 trug, übernehmen. Ebenso wie die Franzosen, während für die Deutschen die restlichen 25 Prozent vorgesehen waren. Der Airbus stand und fiel mit der staatlichen Unterstützung, und die würde es von britischer Seite nur mit einem Rolls-Royce-Antrieb geben, weshalb das – allerdings erst noch zu entwickelnde – RB207 als Triebwerk für das zweistrahlige Großraumflugzeug ausgewählt wurde.

Doch Anfang 1969 verabschiedete sich die englische Seite aus dem Vorhaben. Die offizielle Begründung lautete, das geplante Programm sei letztlich aussichtslos und unrentabel. In Wirklichkeit glaubte man wohl, auf den Airbus verzichten zu können. Schließlich war das RB211 gerade als Antrieb der geplanten Lockheed TriStar ausgewählt worden, und auf der Insel hegte man damals wie heute im Zweifel eher transatlantische als europäische Ambitionen.

# Airbus

*Dem in Deutschland entwickelten Regionalflugzeug VFW 614 war kein großer Erfolg beschieden.*

## Airbus-Vertrag

Es sah ganz danach aus, als sollte das Projekt eines europäischen Großraumflugzeugs scheitern, bevor es richtig begonnen worden war, doch in diesem kritischen Moment stellte sich die Bundesregierung und speziell die Minister Franz-Josef Strauß, Karl Schiller und Klaus von Dohnanyi hinter das Programm, und am 29. Mai 1969 wurde der so genannte „Airbus-Vertrag" unterzeichnet. Er sah vor, dass sich Deutschland und Frankreich zu gleichen Teilen an der Entwicklung des Airbus A300 beteiligen sollten. Zu diesem Zweck wurde am 18. Dezember 1970 die Firma Airbus Industrie als Interessensgemeinschaft französischen Rechts (GIE) gegründet. Anteilseigner waren die Société Nationale Industrielle Aérospatiale (SNIAS, später nur noch Aérospatiale), die aus der Fusion von Nord Aviation, Sud Aviation und SEREB hervorgegangen war, und die Deutsche Airbus, die nach der Restrukturierung der deutschen Luftfahrtindustrie in den Jahren 1968 und 1969 nur noch aus Messerschmitt-Bölkow-Blohm (MBB) und VFW-Fokker bestand. Die beiden Partner sollten als eigenständige Unternehmen bestehen bleiben und quasi als Zulieferer für Airbus Industrie fungieren, die wiederum für die Entwicklung und Vermarktung der Flugzeuge – beziehungsweise anfänglich natürlich nur der A300 – verantwortlich sein würde.

Dieses Konstrukt hatte fast genau drei Jahrzehnte Bestand, auch wenn sich die Eigentumsverhältnisse zwischenzeitlich änderten. So stieg bereits 1971 die spanische CASA mit einem 4,2-prozentige Anteil ein, und ab 1979 waren die Briten mit im Boot. Ganz draußen waren sie ohnehin nie, denn trotz des fehlenden staatlichen Rückhalts hatte sich Hawker-Siddeley als Zulieferer der Tragflächen am A300-Programm beteiligt. Nun erwarb die neu gegründete British Aerospace, in der 1978 die British Aircraft Corporation, Hawker-Siddeley und Scottish Aviation zusammengeschlossen worden waren, 20 Prozent der Anteile an Airbus Industrie; Deutsche Airbus und Aérospatiale hielten von da an noch je 37,9 Prozent.

**Turbulenzen**

Im Jahr 2000 fusionierten Aérospatiale-Matra, CASA und DaimlerChrysler Aerospace (Dasa), in der zwischenzeitlich praktisch die komplette deutsche Großluftfahrtindustrie aufgegangen war, zur European Aeronautic Defence and Space Company (EADS). Und ein Jahr später wurde aus dem Konsortium Airbus Industrie die Airbus S.A.S., die zu 80 Prozent der EADS und zu 20 Prozent dem British-Aerospace-Nachfolger BAE Systems gehörte.

Damit war Airbus zwar endlich ein „richtiges" Unternehmen, dem tatsächlich alle seine Werke auch gehörten, doch der Preis dafür war eine – nicht zuletzt politisch gewollte – komplizierte Führungsstruktur beim Hauptanteilseigner EADS mit jeweils zwei Vorstands- und Verwaltungsratsvorsitzenden.

Das Jahr 2006 war mit Sicherheit eines der turbulentesten in der Geschichte des europäischen Herstellers. Probleme beim Bau der A380 führten zu beträchtlichen Lieferverzögerungen, verärgerten Kunden und Verlusten in Milliardenhöhe. EADS-Chef Forgeard und der Airbus-CEO Gustav Humbert mussten ihren Hut nehmen, Humbert-Nachfolger Christian Streiff warf nach nur drei Monaten das Handtuch. Louis Gallois, bis dahin einer der beiden EADS-CEOs, übernahm zusätzlich den Chefposten bei Airbus, was eine stärkere Anbindung der Hersteller an den Mutterkonzern mit sich brachte. Eine Veränderung, die auch dadurch erleichtert wurde, dass die EADS im September die bis dahin von BAE Systems gehaltenen 20 Prozent an Airbus erwarb und somit zum alleinigen Eigentümer wurde.

*Mit dem Erstflug der A300 im Jahr 1972 begann die Airbus-Erfolgsgeschichte.*

# Boeing

*Nur zwölf Exemplare des riesigen Flugboots Boeing 314 wurden gebaut und an Pan Am und TWA geliefert.*

## Boeing

Was Erfahrung im Bau von Verkehrsflugzeugen angeht, kann es wohl kein Hersteller mit Boeing aufnehmen. Seit nahezu 100 Jahren existiert das Unternehmen, das am 15. Juli 1916 von William E. Boeing, dem Sohn des in Hohenlimburg geborenen und 1868 in die USA ausgewanderten Kaufmanns Wilhelm Böing, in Seattle als Pacific Aero Products Company gegründet wurde.

Als erstes Flugzeug entstand der Doppeldecker B&W, benannt nach Boeing und seinem Freund, dem Ingenieur und Marine-Offizier George Conrad Westervelt. Nur zwei Exemplare wurden gebaut, doch schon der nächste Entwurf, das Model C, stieß auf großes Interesse der US-Marine, die nach dem Eintritt der Vereinigten Staaten in den Ersten Weltkrieg 50 Serienflugzeuge bestellte.

Nach Kriegsende litt das junge Unternehmen wie so viele seiner Konkurrenten unter mangelnder Nachfrage, die durch das Überangebot an gebrauchten Militärflugzeugen noch verstärkt wurde. Hätte Boeing sich in diesen Jahren das „Hobby" Flugzeugbau nicht leisten wollen und können, wäre die Geschichte der Boeing Airplane Company, wie das Unternehmen seit 1917 hieß, zu diesem Zeitpunkt wohl beendet gewesen.

### Erste echte Verkehrsflugzeuge

Etwa ab Mitte der zwanziger Jahre kam das Geschäft wieder in Schwung, und in der Folge wurde Boeing zu einem der wichtigsten Hersteller von Jagdflugzeu-

## Flugzeughersteller

gen für die Army (eine eigenständige Luftwaffe gab es damals noch nicht) und die Marine der Vereinigten Staaten.

Trotz der militärischen Aufträge verlor William Boeing, der sich bereits 1922 aus dem eigentlichen Tagesgeschäft zurückgezogen hatte, den zivilen Markt nie völlig aus dem Blick, und als ab 1926 die Postbeförderung innerhalb der USA privatisiert wurde, war seine Firma mit dabei. Und zwar in Gestalt der eigens zu diesem Zweck gegründeten Boeing Air Transport (BAT), die mit dem ebenfalls speziell für diese Aufgabe entworfenen Model 40A an den Start ging. Es vermochte nicht nur Post, sondern – in einer allerdings sehr beengten Kabine – auch schon Passagiere befördern, was zusätzliche Einnahmen versprach. Das nachfolgende Model 80 war dagegen von vornherein als Verkehrsflugzeug konzipiert, als Doppeldecker mit starrem Fahrwerk aber im Prinzip schon bei Indienststellung veraltet.

Das konnte von der ab 1933 gebauten Boeing 247 nicht behauptet werden, die einen stromlinienförmig gestalteten, vollständig aus Metall gefertigtem Rumpf mit einem Einziehfahrwerk und bei späteren Versionen mit einem Verstellpropeller verband und als erstes wirklich modernes Verkehrsflugzeug galt.

Allerdings war sie mit Platz für nur zehn Passagiere etwas klein, und das große Geschäft machte in den Folgejahren Douglas mit den gleichfalls modernen, aber größeren Modellen DC-2 und vor allem DC-3. Auch zwei anderen zivilen Boeing-Entwürfen aus den drei-

*Die Boeing 307 verfügte als erstes Verkehrsflugzeug über eine Druckkabine.*

# Boeing

ßiger Jahren war kein großer kommerzieller Erfolg beschieden, obwohl sie technisch absolut auf der Höhe der Zeit waren. Von dem riesigen Flugboot 314 wurden nur zwölf Exemplare gebaut, von dem Model 307, das den Beinamen „Stratoliner" trug und als erstes Passagierflugzeug über eine Druckkabine verfügte, gar nur zehn. Der Zweite Weltkrieg machte zunächst alle Hoffnungen auf große Verkaufszahlen zunichte. Allerdings nur, was die kommerzielle Luftfahrt betraf. Denn der „Stratoliner" basierte auf dem Model 299, das als B-17 zu einem der berühmtesten und meistgebauten Bomber aller Zeiten werden sollte. Sein Nachfolger B-29 wiederum diente als Ausgangspunkt für das erste Boeing-Verkehrsflugzeug der Nachkriegszeit: Das Model 377 „Stratocruiser" war zwar nicht unbedingt eine Schönheit, dennoch gelang es dem Hersteller, insgesamt 56 Exemplare zu verkaufen. Bis zu 100 Passagiere fanden in der Boeing 377, die im Unterdeck über eine Lounge verfügte, Platz.

**Entwicklung auf eigenes Risiko**

Es ist wohl eine Ironie der Geschichte, dass dieses letzte Boeing-Verkehrsflugzeug mit Kolbenantrieb rund drei Jahrzehnte später „Geburtshelfer" für die Produkte des großen Konkurrenten Airbus spielen sollte. Die „Super Guppys", Umbauten ausgedienter „Stratocruiser" beziehungsweise der ähnlichen Fracht- und Tankflugzeuge C-97/KC-97, transportierten nämlich Airbus-Bauteile von den über Europa verstreuten Werken zur Endmontage nach Toulouse.

Wer nach 1945 ein Langstreckenverkehrsflugzeug suchte, kaufte es in der Regel bei Douglas oder Lockheed. Boeing spielte zu dieser Zeit – „Stratocruiser" hin oder her – auf dem zivilen Markt keine große Rolle. Ganz anders sah das auf dem Militärsektor aus, wo der Hersteller aus Seattle mit der B-47 und der B-52 nacheinander zwei der wichtigsten Bomber des kalten Krieges entwickelte und produzierte. Bei der B-47 verwendete Boeing zum ersten Mal stark gepfeilte Tragflächen und kombinierte sie mit den neuen Düsentriebwerken. Es schien nur folgerichtig, dieses Konzept auch auf ein Passagierflugzeug zu übertragen. 1954 stellte das Unternehmen das Model 367-80, vielfach schlicht als „Dash 80" bezeichnet, vor – den auf eigenes Risiko gebauten Prototypen eines vierstrahligen Flugzeugs, das sowohl die veralteten KC-97-Tankflugzeuge der Air Force ablösen als auch eine neue Ära in der zivilen Luftfahrt einläuten sollte. Und so kam es dann auch. Nach diversen Modifikationen entstanden einerseits die C-135/KC-135 für die Streitkräfte und andererseits die 707, das erste in wirklich bedeutenden Stückzahlen gefertigte Düsenverkehrsflugzeug. Die Boeing 707 erlaubte ihrem Erbauer nicht nur die Rückkehr ins Zivilgeschäft, sondern legte auch den Grundstein für den Aufstieg Boeings zum wichtigsten Luft- und Raumfahrtkon-

## Flugzeughersteller

*Die Boeing 707 war das erste in großen Stückzahlen gebaute Düsenverkehrsflugzeug.*

zern der Welt. Eine kluge Produktpolitik, das Gespür dafür, zum richtigen Zeitpunkt das richtige Flugzeug auf den Markt zu bringen, und gelegentlich – wie bei der 747 – auch der Mut, notfalls das ganze Unternehmen aufs Spiel zu setzen, waren kennzeichnend für die folgenden Jahrzehnte, in denen nach und nach fast alle Konkurrenten die Segel streichen beziehungsweise im Falle von McDonnell Douglas unter das Dach des Boeing-Konzerns schlüpfen mussten.

Allerdings unterschätzte man auch in Seattle lange Zeit die Gefahr, die auf der anderen Seite des Atlantiks in Gestalt von Airbus heranwuchs. Die Erfolge der Europäer, speziell mit der A320-Familie und dann mit dem Doppelprogramm A330/A340, schienen Boeing Ende der neunziger Jahre zu lähmen. Mit Ausnahme der 777, die 1994 zum ersten Mal gestartet war, bestand die Produktpalette aus Flugzeugen, deren Jungfernflüge allesamt 20 oder mehr Jahre zurücklagen. Nachdem diverse Versuche, verbesserte Versionen von 767 und 747 aufzulegen, ebenso gescheitert waren wie das Vorhaben, mit dem „Sonic Cruiser" einen nahezu schallschnellen und sehr futuristisch aussehenden Entwurf auf den Markt zu bringen, gelang schließlich mit der 787 der lang erhoffte Befreiungsschlag. Auch wenn das Programm mit zahllosen Problemen zu kämpfen hatte, so dass die Indienststellung der ersten Flugzeuge rund drei Jahre später als geplant erfolgte, zeigt das große Interesse der Fluggesellschaften, dass Boeing wieder einmal den „richtigen Richer" gehabt hatte.

# Bombardier

*Zu den interessantesten Produkten im Bombardier-Portfolio gehört das Feuerlöschflugzeug 415.*

## Bombardier

Bombardier ist in gewisser Weise ein Paradoxon, denn der kanadische Konzern ist gleichzeitig einer der ältesten wie jüngsten Flugzeughersteller der Welt. Von Joseph-Armand Bombardier im Jahr 1942 als L'Auto-Neige Bombardier Limitée gegründet, produzierte die Firma in den Anfangsjahren getreu ihrem Namen vor allem Schneemobile. Ins Luftfahrtgeschäft stieg das 1967 in Bombardier Limited umbenannte Unternehmen dagegen erst 1986 ein, 22 Jahre nach dem Tod des Firmengründers, als mit der Übernahme von Canadair der Geschäftsbereich Bombardier Aerospace ins Leben gerufen wurde.

Canadair wiederum war 1944 von der kanadischen Regierung gegründet worden, um Flugboote für die Streitkräfte zu bauen, gehörte später zu General Dynamics und wurde 1976 erneut von der Regierung gekauft. Im selben Jahr übernahm das Unternehmen die Rechte an dem von Bill Lear konzipierten Widebody-Businessjet LearStar 600. Er ging als CL-600 Challenger in Serie und war nicht nur Ausgangspunkt einer ganzen Serie erfolgreicher Geschäftsreiseflugzeuge, sondern bildete auch die Basis für den Canadair Regional Jet, der ein ganz neues Marktsegment begründete und entscheidend dazu beitrug, dass Bombardier zum immer-

## Flugzeughersteller

hin drittgrößten Flugzeughersteller der Welt aufstieg.

Nach der Übernahme von Canadair erwarb Bombardier in den Folgejahren weitere traditionsreiche Hersteller. Als erstes war 1989 Short Brothers aus dem nordirischen Belfast an der Reihe, einer der ältesten Flugzeugproduzenten überhaupt. Bereits Anfang des 20. Jahrhunderts hatten die Brüder Eustace and Oswald Short – später stieß noch Horace hinzu – mit dem Verkauf von Gasballonen den Einstieg ins Luftfahrtgeschäft gewagt, und noch vor dem Ersten Weltkrieg nahmen sie mit der Lizenzproduktion von Entwürfen der Gebrüder Wright die Herstellung von Flugzeugen auf. Das anfänglich im Südosten Englands beheimatete Unternehmen wurde seit den zwanziger Jahren des vorigen Jahrhunderts vor allem als Hersteller großer Flugboote bekannt, die unter anderem auf den Langstreckenverbindungen von Imperial Airways und deren Nachfolgerin BOAC und im Zweiten Weltkrieg bei der U-Boot-Jagd zum Einsatz kamen. 1943 wurde Shorts von der britischen Regierung übernommen und mit Harland and Wolff zur Short Brothers and Harland Ltd. fusioniert. In den sechziger Jahren entstand im nordirischen Belfast, wo nach Kriegsende sämtliche Aktivitäten konzentriert worden waren, die Shorts Skyvan, ein klobiges, aber nichtsdestotrotz – oder gerade deswegen – erfolgreiches Frachtflugzeug, aus dem später mit den Modellen 330 und 360 zwei Regionalflugzeuge hervorgehen sollten.

*Bombardier ist sehr erfolgreich im Bereich der Geschäftsluftfahrt aktiv und produziert unter anderem den Learjet 40 XR.*

# Bombardier

1977 änderte der Hersteller seinen Namen wieder in Short Brothers. Sieben Jahre später wurde das Unternehmen nach dem Verkauf der letzten Regierungsanteile privatisiert und 1989 schließlich von Bombardier übernommen. Eigene Flugzeuge entstehen seither nicht mehr in Belfast, aber Shorts ist innerhalb von Bombardier Aerospace nach wie vor wichtiger Lieferant von Komponenten für diverse Regionalflugzeug- und Businessjet-Programme, fertigt aber auch Teile für andere Hersteller.

Nur ein Jahr nach Shorts wurde auch Learjet Teil von Bombardier Aerospace. Zu diesem Zeitpunkt hatte der Businessjet-Hersteller aus Wichita im US-Bundesstaat Kansas, dessen Name zum Synonym für geschäftlich genutzte Flugzeuge geworden ist, bereits eine bewegte Karriere mit diversen Eigentümern hinter sich. Ende der fünfziger Jahre von William P. Lear als Swiss American Aviation Corporation gegründet, zog das Unternehmen 1962 nach Wichita um und wurde im darauf folgenden Jahr in Lear Jet Corporation umbenannt. Ebenfalls 1963 startete der erste von vielen Learjets, der Prototyp des Model 23, zu seinem Jungfernflug. 1966 änderte der Hersteller seinen Namen in Lear Jet Industries Inc., nur um ein Jahr später mehrheitlich von der Gates Rubber Company übernommen zu werden. 1969 zog sich der Firmengründer Bill Lear zurück, und der Hersteller firmierte fortan als Gates Learjet. In den Folgejahren entstand eine ganze Reihe neuer Learjets, auch wenn die Fertigung zwischen 1984 und 1986 kurzzeitig komplett eingestellt wurde. 1987 wechselte erneut der Besitzer; dieses Mal kaufte Integrated Acquisitions den Hersteller, dessen Name im darauf folgenden Jahr in Learjet Corporation geändert wurde. 1990 schließlich erweiterte Bombardier die eigene Produktpalette durch die Übernahme von Learjet und wurde damit zu einem der bedeutendsten Hersteller von Businessjets weltweit.

Komplettiert wurde die „Sammlung" 1992, als Bombardier auch noch de Havilland Canada erwarb. 1928 als Ableger der britischen de Havilland Aircraft ins Leben gerufen, um Schulflugzeuge des Typs Moth in Lizenz zu fertigen, produzierte das Unternehmen nach dem Zweiten Weltkrieg eine ganze Reihe von erfolgreichen und bekannten Eigenentwicklungen. Modelle wie DHC-2 „Beaver", DHC-3 „Otter" oder DHC-6 „Twin Otter" fanden aufgrund ihrer Vielseitigkeit und Robustheit, die ihren Einsatz auch in unzugänglichen Gebieten und unter rauen Bedingungen gestatteten, viele Käufer und sind auch heute noch sehr begehrt.

Waren die ersten Entwürfe vorrangig für die Streitkräfte oder die Buschfliegerei gedacht, wurde die „Twin Otter" bereits – nicht nur, aber auch – als Verkehrsflugzeug konzipiert. Die nachfolgenden Modelle DHC-7 (Dash 7) und Dash 8 waren dagegen von vornherein für diese Rolle vorgesehen, allerdings wurde nur die Dash 8 auch weiterhin produziert, nachdem de Havilland Ca-

## Flugzeughersteller

nada 1988 von Boeing übernommen worden war. Daran änderte sich auch nichts, als der US-Hersteller seine Neuerwerbung bereits 1992 an Bombardier weiterveräußerte. Diese Aufkäufe haben aus einem Unternehmen, das bei seiner Gründung mit Luftfahrt nichts am Hut hatte, einen der bedeutendsten Hersteller von Flugzeugen für die Verkehrs- und Geschäftsluftfahrt gemacht. Dabei hat sich Bombardier keinesfalls auf den Lorbeeren der eingegliederten Firmen ausgeruht, sondern die Produktpalette kontinuierlich erweitert. So wurde das Feuerlöschflugzeug CL-215, ursprünglich von Canadair produziert, zur Bombardier 415 mit Turboprop-Triebwerken und moderner Avionik weiterentwickelt. Bei den Businessjets deckt man mittlerweile abgesehen von den Einstiegsjets und den neuen Very Light Jets das komplette Spektrum ab, und im Regionalbereich kamen auf Turbopropseite die Q400 sowie bei den Jets CRJ700, CRJ900 und CRJ1000 hinzu. Allerdings hat die in jüngster Zeit praktisch nicht mehr existente Nachfrage nach „klassischen" 50-sitzigen Regionaljets Bombardier als Pionier in diesem Segment besonders stark getroffen. Zumal sie nicht durch entsprechende Stückzahlen bei den 70- und 90-Sitzern und das wieder wachsende Interesse an Turboprop-Regionalflugzeugen kompensiert werden konnte. Dafür steigt der kanadische Hersteller mit der CSeries nun in den Markt der Standardrumpf-Passagierflugzeuge ein und macht so erstmals Airbus und Boeing Konkurrenz.

*Die Regionaljets der CRJ-Baureihe werden In Montreal endmontiert.*

# Embraer

*Die EMB 120, die auch heute noch angeboten wird, wurde von Anfang an für den zivilen Markt konzipiert.*

## Embraer

Die Geschichte Embraers ist der beste Beweis, dass ein Neuling nur mit massiver staatlicher Unterstützung Aufnahme in den Kreis der etablierten Flugzeughersteller finden kann. Sie ist aber auch ein Musterbeispiel dafür, wie ein ehemals staatliches Unternehmen erfolgreich – und allem Anschein nach dauerhaft erfolgreich – privatisiert werden kann.

Die Fliegerei hat in Brasilien Tradition. Nicht nur, weil mit Alberto Santos-Dumont einer der ersten Flugpioniere aus dem südamerikanischen Land stammte. So wurden in den zwanziger Jahren mit deutscher Unterstützung erste Fluggesellschaften gegründet, mit deren Hilfe die riesigen Entfernungen zwischen den Städten entlang der Atlantikküste innerhalb von Stunden statt wie zuvor innerhalb von Tagen oder Wochen zurückgelegt werden konnten. Eine eigene Luftfahrtindustrie gab es zu jener Zeit noch nicht in Brasilien, doch das sollte sich spätestens im Jahr 1953 mit der Gründung eines nationalen militärischen Forschungszentrums für Luft- und Raumfahrt (CTA) ändern.

In den Folgejahren entstanden, speziell unter Federführung des zugehörigen Forschungs- und Entwicklungsinstituts IPD (heute IAE) mehrere Flugzeug- und Hubschrauberprojekte, die zwar allesamt nicht kommerziell umgesetzt wurden, aber dem Land wichtiges Know-how vermittelten.

## Flugzeughersteller

Ab 1965 wurde beim IPD ein zweimotoriges Flugzeug mit Turboprop-Antrieb entwickelt, das den Namen Bandeirante trug und 1968 zum ersten Mal flog. Für die industrielle Produktion wurde – auch mangels privater Interessenten – im Juli 1969 vom Luftfahrtministerium die Firma Embraer (Empresa Brasileira de Aeronáutica S.A.) gegründet. Im Januar des folgenden Jahres nahm das junge Unternehmen die Arbeit auf, und 1971 schließlich lief die Serienfertigung der EMB 110 Bandeirante an. Die ersten Exemplare gingen im Februar 1973 an die brasilianische Luftwaffe, aber bereits wenig später setzten auch die heimischen Fluggesellschaften Transbrasil und VASP das neue Regionalflugzeug ein. Erste Exporte folgten 1977.

Bereits 1974 hatte Embraer ein Abkommen mit Piper über die Lizenzfertigung diverser ein- und zweimotoriger Modelle unterzeichnet, und im Oktober 1976 startete die EMB 121 Xingu, ein zweimotoriges Geschäftsreiseflugzeug mit Turbopropantrieb und die erste wirklich eigenständige Embraer-Entwicklung, zu ihrem Jungfernflug. 1980 schließlich begannen die Arbeiten an der EMB 120 Brasilia, die anders als die Bandeirante von vornherein ausschließlich auf den zivilen Markt ausgerichtet war und vor allem in Nordamerika, wohin 1985 auch die ersten Auslieferungen erfolgten, sehr populär wurde.

Parallel zu diesen kommerziellen Erfolgen sorgte auch der brasilianische Staat für das Wohlergehen seines wichtigsten Flugzeugherstellers. So wurde ihm die Fertigung der anderweitig entwickelten Modelle Urupema (ein Segelflugzeug) und Ipanema (ein Sprühflug-

*Embraers Hauptwerk liegt in São José dos Campos, eine gute Stunde von São Paulo entfernt.*

# Embraer

zeug für die Landwirtschaft, das auch heute noch produziert wird) ebenso übertragen wie die Lizenzproduktion des italienischen Militärtrainers MB-326. Ab 1981 verschaffte das mit den Firmen Aeritalia und Aermacchi (beide aus Italien und heute Teil des Finmeccanica-Konzerns) entwickelte Kampfflugzeug AMX Embraer Zugang zu neuesten Technologien, die sich später als nützlich erweisen sollten.

Zunächst musste Embraer jedoch die größte Krise der Unternehmensgeschichte überstehen. Der Kalte Krieg, der immer wieder für Nachfrage nach Militärflugzeugen gesorgt hatte, ging zu Ende, gleichzeitig kürzte die Regierung – nicht zuletzt aufgrund der leeren Staatskasse – die Unterstützung, so dass es Embraer an finanziellen Mitteln für die Entwicklung des geplanten 50-sitzigen Regionaljets EMB-145 fehlte. Die Zahl der Mitarbeiter sank innerhalb kürzester Zeit von fast 14.000 auf unter 10.000, und die Zukunft des Flugzeugherstellers war mehr als ungewiss.

Das änderte sich 1994, als im Zuge der Privatisierung mehrere Finanzinstitute und Pensionsfonds die Mehrheit an dem Unternehmen übernahmen und mit Mauricio Botelho ein erfahrener Geschäftsmann, der seinen Mangel an Luftfahrterfahrung durch seinen Elan und sein Verkaufstalent mehr als wettmachte, das Ruder in die Hand nahm. Nachdem sich eine Reihe von Zulieferern als Risikopartner an der Entwicklung beteiligt hatten, konnte auch die Finanzierung der EMB-145

*Die E-Jets: Embraer 170, 175, 190 und 195 bieten Platz für zwischen 70 und 118 Passagiere.*

(später ERJ 145) auf solide Beine gestellt werden, und der Verkaufserfolg des zur exakt richtigen Zeit auf den Markt kommenden Regionaljets etablierte Embraer endgültig in der Spitzengruppe der Flugzeughersteller.

Eine Position, die das Unternehmen in den Folgejahren geschickt zu festigen verstand. Beispielsweise 1999 durch den Einstieg einer Gruppe französischer Luftfahrtunternehmen, darunter Aerospatiale, Dassault und Snecma, die 20 Prozent der Aktien übernahmen. Im selben Jahr wurde die Entwicklung

## Flugzeughersteller

einer komplett neuen Familie von Flugzeugen für zwischen 70 und 118 Passagieren angekündigt (die „E-Jets" Embraer 170, 175, 190 und 195), und 2000 folgte der Einstieg in die Geschäftsluftfahrt, als der Businessjet Legacy auf Basis der ERJ 135 vorgestellt wurde. Mit der Vorstellung der Neuentwicklungen Phenom 100 und 300 im Jahr 2005, der Lineage 1000 (eine modifizierte Embraer 190) zwölf Monate später und dann der Legacy 450 und 500 im Jahr 2008 wurden diese Aktivitäten noch ausgebaut.

Diese Ausweitung des Produktportfolios, dank der das Unternehmensschicksal nicht mehr einzig von der Entwicklung eines Marktsegments abhängig ist, die Einrichtung einer zweiten ERJ-145-Endmontagelinie im Rahmen eines Joint Ventures mit der chinesischen AVIC I, der Einstieg beim portugiesischen Hersteller OGMA und eine Vereinfachung der Aktienstruktur im Frühjahr 2006 dürften Garanten dafür sein, dass Embraer auch in Zukunft eine gewichtige Rolle im (Verkehrs-)Flugzeugbau spielt.

# Weitere Hersteller aus aller Welt

*Die Endmontagelinie für die ATR-Turboprops ist in Toulouse unmittelbar neben Airbus angesiedelt.*

## Weitere Hersteller aus aller Welt

Zweifellos sind es vor allem jene wenigen bekannten Namen, die wir auf den vorangegangenen Seiten vorgestellt haben, die im Bewusstsein der breiten Öffentlichkeit als Hersteller von Verkehrsflugzeugen in Erscheinung treten. Dennoch haben sie den Markt keinesfalls für sich allein, auch wenn das Feld der Anbieter in den vergangenen Jahrzehnten deutlich kleiner geworden ist.

Was die Stückzahlen und damit auch die Bedeutung angeht, wäre unter den „Sonstigen" zuallererst zweifellos ATR zu nennen. Das Joint Venture von Alenia Aeronautica und EADS, 1981 von den beiden Vorgängerunternehmen Aeritalia und Aerospatiale gegründet, stellt ausschließlich Regionalflugzeuge mit Turboprop-Antrieb her – und das äußerst erfolgreich. Mehr als 1.100 ATR 42 und 72 konnten bislang verkauft werden, und nachdem es noch vor wenigen Jahren so aussah, als sollten Turboprop-Flugzeuge allenfalls noch gebraucht an den Mann zu bringen sein, hat sich die Lage angesichts steigender Kerosinpreise inzwischen wieder grundlegend geändert.

Mit der neuen 600er-Serie hat das Herstellerkonsortium die ATR-Turboprops auch technologisch ins 21. Jahrhundert gehievt, so dass die Auslastung der ATR-Produktionseinrichtungen für die nächsten Jahre gesichert scheint.

## Konsolidierung in Russland

Davon können die meisten Fertigungswerke auf dem Gebiet der Gemeinschaft Unabhängiger Staaten (GUS) nur träumen. Zu Zeiten des Kalten Krieges, als sich den staatlichen Fluggesellschaften der sozialistischen Länder der Kauf westlichen Fluggeräts schon aus Prinzip verbot, konnten sich die traditionsreichen sowjetischen Hersteller wie Antonow, Iljuschin, Jakowlew oder Tupolew über mangelnde Nachfrage nicht beklagen. Zwar waren die meisten der von ihnen hergestellten Flugzeuge nach westlichen Maßstäben wahre Spritfresser und in der Regel alles andere als komfortabel, doch mangels Konkurrenz spielte das keine Rolle.

Nach dem Zusammenbruch der UdSSR jedoch waren die unzähligen regionalen und nationalen Aeroflot-Nachfolgegesellschaften auf einmal gezwungen, mit spitzem Bleistift zu rechnen, weil sie Flugzeuge und Treibstoff nun zu Weltmarktpreisen einkaufen mussten. Dadurch wurden die heimischen Produkte fast schlagartig uninteressant, zumal Airbus, Boeing und westliche Leasinggesellschaften die Situation natürlich nutzten und günstig gebrauchte Flugzeuge offerierten. Den Iljuschins, Tupolews & Co., denen ebenso schlagartig die Einnahmen fehlten, machte bei der Umstellung auf die neue politische und wirtschaftliche Situation zusätzlich zu schaffen, dass ihre Konstruktionsbüros in Kiew (Antonow) oder Moskau (alle übrigen) saßen, während die Endmontagewerke aus politischen und militärischen Gründen kreuz und quer über die Sowjetunion verteilt worden waren – und damit auf einmal womöglich jenseits der Landesgrenzen lagen.

Während Airbus und Boeing zusammen jährlich 1.000 und mehr neue Jets ausliefern, bringen es die Hersteller aus der nicht mehr existierenden UdSSR gemeinsam vielleicht auf ein Dutzend Exemplare. Schon aus wirtschaftlichen Überlegungen hat daher das Nebeneinander von rund einem halben Dutzend (zivilen und militärischen) Entwurfsbüros allein in Russland und mindestens noch einmal ebenso vielen Fertigungswerken keine Zukunft. Im Februar 2006 erließ der russische Präsident Putin daher ein Dekret zur Gründung der OAK-Holding (United Aircraft Corporation, Vereinigte Flugzeughersteller), in der die Konstruktionsbüros Iljuschin, Irkut, Jakowlew, Mikojan-Gurewitsch (MiG), Suchoj und Tupolew sowie mehrere Fertigungswerke zusammengefasst wurden, wobei die Mehrheit der Anteil in staatlichem Besitz bleiben soll.

Die unter Federführung von Suchoj entwickelte und gebaute neue Regionaljet-Familie Superjet 100, die auch außerhalb ihres Heimatlandes auf Interesse stößt, ist demnach ebenso innerhalb des OAK-Konzerns angesiedelt wie das geplante MS-21-Programm eines Standardrumpf-Mittelstreckenflugzeugs in Konkurrenz zu beziehungsweise als Ablösung von A320 und 737.

# Weitere Hersteller aus aller Welt

Auch wenn so mancher bedauern mag, dass auf diese Weise viele traditionelle Herstellernamen verschwinden werden – eine Entwicklung, die Westeuropa und Nordamerika bereits hinter sich haben –, so dürfte der Zusammenschluss der zersplitterten Industrie die einzige Möglichkeit darstellen, das über die Jahrzehnte gesammelte Know-how im Flugzeugbau langfristig zu erhalten.

### Japan: Kein leichtes Unterfangen

Wie schwer es ist, derartige Fertigkeiten aus dem Nichts aufzubauen, hat sich immer wieder gezeigt. Viele haben es versucht und sind doch zumeist gescheitert – oftmals trotz jahrelanger staatlicher Unterstützung. Die Luftfahrt ist nun einmal eine absolute Hochtechnologie-Branche mit extrem komplexen Entwicklungs-, Zulassungs- und Produktionsverfahren. Entsprechend zeit- und geldaufwendig ist es, die erforderlichen Fertigkeiten zu erwerben, zumal die etablierten Konkurrenten natürlich alles daran setzen, die Einstiegsschwelle durch immer neue Technologien möglichst hoch und die Herausforderer auf diese Weise klein zu halten.

So ist beispielsweise Indonesien mit dem Versuch gescheitert, in Eigenregie einen Regionaljet zu entwickeln, obwohl das Land durch die Lizenzfertigung von MBB-Helikoptern und die Zusammenarbeit mit der spanischen CASA durchaus reichlich Erfahrungen sammeln konnte. Und selbst japanische Unternehmen, die in vielen anderen Branchen bewiesen haben, dass sie nach einer mehr oder weniger langen Lernphase die Wettbewerber das Fürchten lehren können, spielen im Flugzeugbau – bislang – nur als Zulieferer und Programmpartner eine Rolle. Für die sogenannte Systemfähigkeit, also die Fertigkeit, ein komplettes Flugzeugprogramm auf die Beine zu stellen, hat es zumindest im zivilen Geschäft noch nicht gereicht – mit einer Ausnahme: Von der 64-sitzigen YS-11, einem Regionalflugzeug mit Turbopropantrieb, wurden in den sechziger und siebziger Jahren rund 180 Exemplare gebaut. Danach beschränkten sich die „Heavies" (Fuji, Kawasaki und Mitsubishi Heavy Industries) wieder auf ihre Rolle als Lieferant einzelner Baugruppen vor allem für Boeing, aber auch für Bombardier.

Allerdings könnte sich das bereits in naher Zukunft ändern, wenn der von Mitsubishi entwickelte 70- bis 90-sitzige Regionaljet MRJ tatsächlich wie vorgesehen ab 2014 in Dienst gestellt wird.

### Lizenzfertigung ohne Lizenz in China

Etwas anders sieht die Situation in China aus. Ab den fünfziger Jahren entstanden dort unzählige staatliche Unternehmen, die schließlich unter dem Dach der China Aviation Industry Corporation (bzw. Aviation Industries of China – AVIC) zusammengefasst wurden und über die Jahrzehnte durchaus Erfahrungen im Flugzeugbau sam-

# Flugzeughersteller

*Zu den in China gefertigten Verkehrsflugzeugen gehört die Y-7, eine Weiterentwicklung der Antonow AN-24.*

meln konnten. Dies geschah zumeist im Rahmen von Lizenzfertigungen ziviler und vor allem militärischer Produkte normalerweise sowjetischen Ursprungs, wobei – wie im Fall der Boeing-707-Kopie Y-10 – notfalls auch ohne entsprechende Erlaubnis nachgebaut wurde. Kooperationen mit westlichen Herstellern verliefen dagegen in der Vergangenheit oftmals enttäuschend. Das mit großen Erwartungen gestartete „Trunkliner"-Programm zur Lizenzfertigung von McDonnell Douglas MD-80 und MD-90 lieferte – vorsichtig ausgedrückt – Flugzeuge, die niemand haben wollte, und das gemeinsam mit Airbus betriebene AE31X-Projekt wurde wieder begraben, bevor es richtig begonnen hatte.

Als Zulieferer für Airbus und Boeing sind chinesische Firmen dagegen mittlerweile begehrte Partner, und die Einrichtung von Endmontagelinie für Embraer ERJ 145 und A320 verdeutlicht, dass das Vertrauen in die Fähigkeiten der dortigen Unternehmen gewachsen ist.

Nachdem in jüngster Zeit einige militärische und zivile Programme, beispielsweise die Weiterentwicklung der Antonow AN-24 zur Y-7 und schließlich zur MA-60 oder das Zubringerflugzeug Y-12, erfolgreich in Eigenregie realisiert wurden, ist man in China zuversichtlich, nun auch in größerem Maßstab auf dem Zivilmarkt reüssieren zu können. Zwar kommt der Plan, mit der ARJ21 eine eigene Regionaljetfamilie auf den Markt zu bringen, trotz des 2008 erfolgten Jungfernfluges nicht so recht voran. Dennoch arbeitet man in China mit dem Standardrumpfflugzeug C919 unverdrossen bereits am nächsten ambitionierten Vorhaben.

# Airbus A300

Hätten die amerikanischen Hersteller vor fast 40 Jahren auf ihre Kunden gehört, gäbe es heute womöglich keine A300 und damit vielleicht auch kein Unternehmen Airbus, das seinen Teil dazu beigetragen hat, dass mit Ausnahme von Boeing alle einstmals klangvollen Namen unter den US-Produzenten von Verkehrsflugzeugen verschwunden sind.

In einem nach seinem Verfasser als Kolk-Papier bezeichneten Lastenheft hatte der technische Direktor von American Airlines Mitte der sechziger Jahre die Anforderungen an ein künftiges zweistrahliges Mittelstreckenflugzeug für ungefähr 250 Passagiere niedergelegt; Anforderungen, denen die spätere A300B ziemlich exakt entsprach, wenngleich ihr der große Erfolg bei amerikanischen Fluglinien versagt blieb.

Ende Juni 1967 wurde von den damals unter dem Airbus-Dach vereinten Unternehmen ein gemeinsames Projekt unter der Bezeichnung A300 vorgelegt, das eine Kapazität von 300 Passagieren (daher der Name) vorsah. Die Entwicklungsingenieure erkannten jedoch schnell, dass das vorgeschlagene Flugzeug zu groß sein würde. Zudem drohte der ursprünglich vorgesehene Antrieb Rolls-Royce RB207 nicht zuletzt durch das Desinteresse des britischen Triebwerkherstellers, der gerade mit der Entwicklung des RB211 für die TriStar vollauf beschäftigt war, zu einem Problem zu werden. Deshalb wurde in aller Heimlichkeit parallel an einer A300B für nur 250 Fluggäste gearbeitet, für deren Antrieb gleich drei Triebwerke in Frage kamen: neben dem RB211 auch das Pratt & Whitney JT9 und das CF6 von General Electric. Nach dem zwischenzeitlichen Ausstieg der britischen Regierung wurde auf der Pariser Luftfahrtmesse im Jahr 1969 ein französisch-deutscher Regierungsvertrag über die Entwicklung dieses Airbus A300B, der einen Rumpfdurchmesser von 5,64 Meter aufweisen sollte, unterzeichnet.

**Etwas zu klein**

Am 28. September 1972 präsentierte das Airbus-Konsortium in Toulouse den ersten Prototypen des nun als A300B1 bezeichneten Flugzeugs. Als Air France Befürchtungen äußerte, die A300B in der vorgelegten Konfiguration könne nicht ausreichend günstige Betriebskosten liefern, beschlossen die Airbus-Verantwortlichen, bereits das dritten Exemplar in einer verlängerten Version mit knapp 20 zusätzlichen Passagiersitzen und der neuen Bezeichnung A300B2 zu bauen.

Nach dem Erstflug der B1 am 28. Oktober 1972 erfolgte die Zulassung der A300B2 mit CF6-50-Triebwerken von General Electric am 15. März 1974, und eine gute Woche später nahm Air France mit dem neuen Mittelstreckenflugzeug den Liniendienst auf. Die A300B4 mit höherem Abfluggewicht und größerer Reichweite folgte bereits ein Jahr später Ende März 1975.

Am 8. Juli 1983 startete die erste A300-600 zu ihrem Jungfernflug, die

# Airbus

*Thai Airways International ist einer der wichtigsten Betreiber von A300-600.*

sich zwar äußerlich kaum von den vorangegangenen Versionen unterschied, aber aufgrund der Übernahme des Zweimann-Cockpits der A310 sowie dank einiger Modifikationen an den Tragflächenhinterkanten, der Fertigung von Landeklappen und Spoilern aus Kohlefaser-Verbundwerkstoffen und der Mini-Winglets an den Flügelspitzen ein ganz anderes Flugzeug mit deutlich besseren Leistungen darstellte. Ein Trimmtank im Höhenleitwerk sowie optionale Zusatztanks im Laderaum machten ab 1988 aus der A300-600 die -600R mit einer Reichweite von bis zu 7.700 Kilometern.

2002 wurden die letzten A300-600R ausgeliefert, fünf Jahre später stellte Airbus dann auch die Produktion der Cargoversion ein. Viele im Passagierdienst nicht mehr benötigte Exemplare wurden mittlerweile zu Frachtern umgerüstet.

| A300-600R | |
|---|---:|
| Erstflug[1] | 28. Oktober 1972 |
| Länge | 54,10 m |
| Spannweite | 44,84 m |
| Höhe | 16,50 m |
| Rumpfdurchmesser | 5,64 m |
| Passagiere | 266-361 |
| Max. Abfluggewicht | 171.700 kg |
| Treibstoffvorrat | 68.150 l |
| Reichweite | 7.500 km |
| Reisegeschwindigkeit | Mach 0,79 |
| Antrieb | CF6-80C2, PW4000 |
| Schub | 2 x 249-270 kN |
| Bestellungen[2] | 561 |
| Wichtige Betreiber | JAL, Thai |
| 1) Erstflug der A300B  2) Alle A300-Versionen | |

# Airbus A310

Den Airbus-Vordenker hatten von Anfang an – wenn auch zunächst nur im Verborgenen – eine ganze Flugzeug-Familie vorgeschwebt, denn bereits Anfang der siebziger Jahre war erkennbar, dass die Fluggesellschaften auch Bedarf an einem unterhalb der A300 angesiedelten Muster hatten. Deshalb arbeitete Airbus schon sehr früh an einer weiteren Version, die zunächst als B10 oder „Minimum Change" bezeichnet wurde und nichts weiter als eine Verkürzung des A300B2-Rumpfes bei Beibehaltung aller übrigen Bauteile vorsah.

Nach Kaufverpflichtungen von Swissair, Lufthansa und Air France fiel 1978 dann die Entscheidung für das neue, nun A310 genannte Modell, dessen Rumpf um 6,90 Meter gegenüber der A300 verkürzt wurde, so dass etwa 210 Passagiere an Bord untergebracht werden konnten.

Etwa zur gleichen Zeit kündigte Boeing die 7X7 an, aus der dann später die 767 wurde, und es stellte sich heraus, dass die A310 mit dem ursprünglichen Flügel nicht konkurrenzfähig sein würde. Ein deutsch-französisches Team – die Briten liebäugelten zu diesem Zeitpunkt mit einer Mitarbeit an der Boeing 757, beteiligten sich aber später dann doch wieder an der A310 – entwarf einen völlig neuen Tragflügel mit einem so genannten transsonischen oder superkritischen Profil, das sich durch eine gleichmäßige Geschwindigkeitsverteilung an der Oberseite auszeichnete.

Den Projektingenieuren wäre zwar bei einem größeren Flügel, der spätere

*Eine A310-300 der Uzbekistan Airways auf dem Flughafen der chinesischen Hauptstadt Beijing.*

# Airbus

Gewichtssteigerungen und Reichweitenvergrößerungen ermöglicht hätte, wohler gewesen. Aber die Erstkunden Swissair und Lufthansa – beide übernahmen 1983 auch die ersten Exemplare – bestanden auf einem für ihre Kurzstrecken optimierten Flugzeug, dessen Verkaufszahlen dann deutlich hinter denen der Boeing 767 mit ihrer größeren Reichweite zurückblieben. Airbus Industrie verzichtete bei diesem völlig glatten Flügel, der ohne die sonst üblichen Grenzschichtzäune und andere aerodynamische „Krücken" auskommt, im Übrigen auf die äußeren Querruder – die Quersteuerung der Maschine erfolgt mit den Außenspoilern.

## Moderne Werkstoffe und ein Zwei-Mann-Cockpit

Die A310 war in vieler Hinsicht ein wichtiger Schritt für den europäischen Hersteller, denn eine ganze Reihe technischer Neuerungen wurde mit diesem Typ erstmals in einem Verkehrsflugzeug erprobt und eingesetzt. So erhielt die A310 ein komplett neu gestaltetes Zwei-Mann-Cockpit. Das seitlich installierte Instrumentenbrett des Flugingenieurs fehlte, alle notwendigen Anzeigen wurden im Blickfeld und in Reichweite der Piloten untergebracht. Gleichzeitig wurden die herkömmlichen Rundinstrumente durch vier – im Verhältnis zu den heute gebräuchlichen Displays noch kleine – Bildschirme ersetzt.

Die Seitenflosse bestand vollständig aus Kohlefaser-Verbundwerkstoff (CFK), und der Kunststoffanteil war allgemein so hoch wie niemals zuvor bei einem Verkehrsflugzeug. Die Sekundärsteuerung der A310, die am 3. April 1982 zum ersten Mal abhob, wurde erstmals komplett als „Fly by Wire"-System ohne Seile oder Stangen ausgelegt.

Im Juli 1985 erfolgte der Erstflug der A310-300, die über zusätzliche Trimmtanks in der Höheflosse und dank der so vergrößerten Treibstoffkapazität über eine größere Reichweite verfügte. Zudem erhielt sie kleine Grenzschichtzäune, sogenannte „Wingtip Fences" an den Tragflächenenden, die auch bei späteren A310-200 installiert wurden.

Zwischen 1982 und 1998 produzierte Airbus insgesamt 255 A310. Eine beträchtliche Anzahl von im Passagierdienst ausgemusterten Exemplaren wurde und wird auch heute noch anschließend zu Frachtern umgerüstet. ∎

| A310-300 | |
|---|---:|
| Erstflug[1] | 3. April 1982 |
| Länge | 46,66 m |
| Spannweite | 43,90 m |
| Höhe | 15,80 m |
| Rumpfdurchmesser | 5,64 m |
| Passagiere | 220-280 |
| Max. Abfluggewicht | 164.000 kg |
| Treibstoffvorrat | 75.470 l |
| Reichweite | 9.600 km |
| Reisegeschwindigkeit | Mach 0,80 |
| Antrieb | CF6-80C2, PW4000 |
| Schub | 2 x 230-260 kN |
| Auslieferungen | 255 |
| Wichtige Betreiber | Air India, FedEx |
| 1) Erstflug der A310-200   2) Alle A310 | |

# Airbus A320-Familie

Bereits Ende der siebziger Jahre hatte Airbus unter den Arbeitstiteln SA1 und SA2 („SA" für „single aisle", also „ein Mittelgang") Überlegungen angestellt, die eigene Produktpalette um ein sogenanntes Standardrumpfflugzeug zu ergänzen, das etwa ein Jahrzehnt später die zahlreichen älteren 727, 737 und DC-9 ablösen sollte.

Anfänglich votierten einige Airbus-Stammkunden, darunter die Lufthansa, gegen das geplante Vorhaben, da für sie zunächst die Langstreckenprojekte A330 und A340 Priorität hatten. Sie argumentierten unter anderem, dass mit der 737-300 ein zwar nicht wirklich neues, aber zumindest verbessertes Kurzstreckenmuster zur Verfügung stand. Auch die Weiterentwicklung der DC-9 zur MD-80-Serie sprach nach Ansicht vieler gegen das Airbus-Unterfangen. Naturgemäß wurde vor allem aus den Vereinigten Staaten Stimmung gegen das Projekt gemacht. So bestritt Boeing kategorisch die Notwendigkeit einer europäischen Neuentwicklung in diesem Marktsegment und verwies stattdessen auf die geplante 7J7 mit modernem, extrem verbrauchsgünstigem Propfan-Antrieb – die allerdings nie verwirklicht wurde.

Davon unbeeindruckt gab Airbus Industrie im März 1984 den offiziellen Startschuss für den als A320 bezeichneten 150-Sitzer, der entweder mit CFM56-Triebwerken von CFM International oder mit dem neuen V2500 der International Aero Engines (IAE) ausgerüstet werden sollte.

Die Airbus-Entwickler setzten für den neuen Jet auf soviel Technologie wie nur möglich, um die Betriebskosten erheblich unter die beispielsweise einer Boeing 727 zu drücken. Nur so

*Frontier versieht die Leitwerke ihrer Flugzeuge, so wie hier bei einer A318 zu sehen, mit auffälligen individuellen Bemalungen.*

# Airbus

versprachen sie sich überhaupt Chancen gegenüber den Mitbewerbern, die auf ihren großen Kundenstamm vertrauen konnten. Folgerichtig wurden bei der A320 in bis dahin nicht gekanntem Umfang Verbundwerkstoffe verwendet und beispielsweise das komplette Leitwerk mit allen Flossen und Rudern aus diesen modernen Materialien gefertigt.

Die bedeutendste Innovation war jedoch zweifelsohne das „Fly by Wire"-Flugsteuerungssystem. Die bis dahin übliche Übermittlung der vom Piloten mittels Steuerhorn und Pedale gegebenen Kommandos über Seile und Stangen zu den Rudern wurde durch eine elektronische Übertragung ersetzt. Es bestand zudem keine direkte Verbindung mehr zwischen den Eingaben der Piloten und den primären Steuerflächen, vielmehr wurden alle Befehle aus dem Cockpit erst durch einen Computer geschickt, der erkennen sollte, ob der Pilot mit seinem Handeln das Flugzeug in einen unkontrollierten Flugzustand bringen würde. Einen klassischen Steuerknüppel gab es in der A320 ebenfalls nicht mehr; er wurde durch einen Sidestick ersetzt, was den Piloten einen ungehinderten Blick auf das Instrumentenbrett ermöglichte. Der dort üblicherweise platzierte „Uhrenladen" mit einer Vielzahl von Rundinstrumenten war sechs Bildschirmen gewichen, auf denen alle für die Durchführung des Fluges erforderlichen Informationen angezeigt wurden. Die Darstellung unterschied sich stellenweise erheblich vom bis dahin Bekannten, was zusammen mit dem „Fly by Wire"-System, das von vielen Piloten als Eingriff in ihre Autorität empfunden wurde, anfänglich durchaus zu Irritationen führte

| A318 | |
|---|---:|
| Erstflug | 15. Januar 2002 |
| Länge | 31,44 m |
| Spannweite | 34,09 m |
| Höhe | 12,70 m |
| Rumpfdurchmesser | 3,96 m |
| Passagiere | 107-132 |
| Max. Abfluggewicht | 68.000 kg |
| Treibstoffvorrat | 23.860 l |
| Reichweite | 3.250 km |
| Reisegeschwindigkeit | Mach 0,78 |
| Antrieb | PW6000, CFM56-5B |
| Schub | 2 x 96-106 kN |
| Bestellungen | 80 |
| Wichtigste Betreiber | Air France, Frontier, Mexicana |

# Airbus A320-Familie

*Ein Airbus A319 der türkischen Atlasjet bei der Landung auf dem Flughafen von Istanbul.*

und gelegentlich sogar auf entschiedenen Widerstand traf. Einige Abstürze beziehungsweise Zwischenfälle in den ersten Einsatzjahren ließen sich daher nicht etwa auf ein Versagen der Hightech an Bord, sondern eher auf die Unerfahrenheit der Besatzung bzw. deren Unwillen, mit der neuen Technologie zu arbeiten, zurückführen.

### Ab 1988 im Einsatz

Langfristig gesehen sollte sich die Entscheidung für ein elektronisches Flugsteuerungssystem und ein modernes Glascockpit jedoch als goldrichtig erweisen, weil sie Piloten einen weitgehend problemlosen Wechsel nicht nur zwischen den Flugzeugen der A320-Familie, sondern auch zu den größeren Mustern A330, A340 und A380 gestattete. Ein Vorteil, den Airbus geschickt zu vermarkten wusste und der zweifellos zu so manchem Verkaufserfolg beigetragen hat. Das gilt sicherlich auch für die Kabine, die Passagieren und Flugbegleitern aufgrund des verglichen mit der 737 größeren Durchmessers mehr Platz bot.

Im März 1988 stellte Air France die erste A320-100 in Dienst. Diese ursprüngliche Version wurde schon bald

| A319 | |
|---|---:|
| Erstflug | 25. August 1995 |
| Länge | 33,84 m |
| Spannweite | 34,09 m |
| Höhe | 11,76 m |
| Rumpfdurchmesser | 3,96 m |
| Passagiere | 124-156 |
| Max. Abfluggewicht | 75.500 kg |
| Treibstoffvorrat | 29.840 l |
| Reichweite | 6.800 km |
| Reisegeschwindigkeit | Mach 0,78 |
| Antrieb | CFM56-5A/B, V2500-A5 |
| Schub | 2 x 98-120 kN |
| Bestellungen | 1.470 |
| Wichtige Betreiber | Air France, EasyJet, Northwest, US Airways |

# Airbus

*Viele lateinamerikanische Airlines wie TAME aus Ecuador setzten die A320 ein.*

durch die A320-200 mit einem zusätzlichen Tank im Tragflächen-Mittelstück und kleinen Winglets an den Flügelspitzen, ähnlich wie bei der A310, abgelöst.

Trotz einiger Startschwierigkeiten und trotz der Widerstände aus dem Pilotenlager entwickelte sich die A320 innerhalb kürzester Zeit zu einem Verkaufsschlager, der alle Skeptiker, die an der Notwendigkeit dieses Programms gezweifelt hatten, Lügen strafte. Bereits zum Zeitpunkt des Erstfluges lagen Airbus 265 Festbestellungen vor, eine bis dahin nie dagewesene Zahl und zweifellos ein Beweis für die Reputation, die sich der europäische Hersteller inzwischen erworben hatte.

Entsprechend leicht fiel es Airbus, die für die Entwicklung der A321 benötigte – allerdings relativ geringe – Summe von 480 Millionen Dollar auf dem Kapitalmarkt und nicht wie bis dahin üblich als Darlehen der jeweiligen Regierungen zu beschaffen. Das im November 1989 vorgestellte Flugzeug war im Wesentlichen eine um zwei zusätzliche Rumpfsegmente gestreckte Version des Ausgangsmodells mit Platz für bis zu 220 Passagiere, das darüber hinaus über ein stärkeres Fahrgestell und

| A320-200 | |
|---|---:|
| Erstflug[1] | 22. Februar 1987 |
| Länge | 37,57 m |
| Spannweite | 34,09 m |
| Höhe | 11,76 m |
| Rumpfdurchmesser | 3,96 m |
| Passagiere | 150-180 |
| Max. Abfluggewicht | 77.000 kg |
| Treibstoffvorrat | 29.840 l |
| Reichweite | 5.700 km |
| Reisegeschwindigkeit | Mach 0,78 |
| Antrieb | CFM56-5A/B, V2500-A5 |
| Schub | 2 x 111-120 kN |
| Bestellungen[2] | 5.080 |
| Wichtige Betreiber | JetBlue, United |
| 1) Erstflug der A320-100  2) Alle A320 | |

# Airbus A320-Familie

Doppelspaltklappen an den Tragflächenhinterkanten verfügte.

Für die A321 wurden erstmals Endmontage und Kabinenausstattung der Flugzeuge an einem Ort, nämlich bei der damaligen Dasa Airbus in Hamburg-Finkenwerder, zusammengefasst. Dieser Entscheidung war ein langes Tauziehen vorausgegangen, ehe sich die deutsche Seite mit ihrer Forderung nach einer eigenen Endmontagelinie durchsetzen konnte.

Ein weiteres, drittes Fertigungswerk für die A320-Familie wurde dann 2008 im chinesischen Tianjin eröffnet. Am 23. Juni 2009 wurde dort der erste außerhalb Europas produzierte Airbus ausgeliefert.

Als bis dahin kleinstes Mitglied der A320-Familie offerierte Airbus ab 1993 die ebenfalls in Hamburg gefertigte A319. Sie war bei einer Zwei-Klassen-Bestuhlung für die Beförderung von 124 Fluggästen ausgelegt, die in einem um rund 3,70 Meter gegenüber der A320 verkürzten Rumpf untergebracht wurden. Normalerweise liegt die maximale Sitzplatzzahl bei 145, allerdings besteht die Möglichkeit, das Flugzeug mit einem zusätzlichen – zweiten – Notausgang über den Tragflächen zu ordern, wodurch die Kapazität auf maximal 156 Passagiere steigt.

Den umgekehrten Weg ging Airbus bei der A319LR (für „long range"). Mit den für den Airbus Corporate Jetliner (ACJ), einem Geschäftsreiseflugzeug auf Basis der A319, entwickelten Zusatztanks im Gepäckraum kann diese Version bei einer reinen Business-Class-Bestuhlung sogar Transatlantikflüge durchführen.

Auf der Farnborough Airshow 1998 wurde mit der A318 eine nochmals verkleinerte Version für maximal 117 Fluggäste präsentiert. Als Antrieb war zu-

# Airbus

*Die A321 der Lufthansa sind mit V2500-Triebwerken von International Aero Engines (IAE) ausgerüstet.*

tional mit als „Sharklet" bezeichneten Winglets angeboten werden sollten.

Über eben diese „Sharklets" verfügen auch A319neo, A320neo und A321neo, die von Airbus im Dezember 2010 vorgestellt wurden. Wichtigstes Merkmal dieser neuen Versionen, die zunächst parallel zu den normalen Modellen der A320-Familie produziert werden sollen, sind neuentwickelte Triebwerke – zum einen das PW1000G von Pratt & Whitney, zum anderen das Leap-X von CFM International –, die erheblich niedrige Treibstoffverbräuche versprechen. Innerhalb eines halben Jahres verzeichnete Airbus mehr als 1.000 Bestellungen für die neuen Modelle, die ab Herbst 2015 ausgeliefert werden sollen.

nächst die Pratt & Whitney-Neuentwicklung PW6000 vorgesehen, aber vor allem auf Drängen von Air France wurde schließlich alternativ auch das CFM56 angeboten. Eine weise Entscheidung, denn das PW6000 musste nach dem Erstflug komplett überarbeitet werden, was zu einer Reihe von Ab- und Umbestellungen führte sowie dazu, dass der „Baby-Airbus" zunächst mit dem CFM56 zugelassen und ausgeliefert wurde.

### Verkaufsschlager „neo"

Bereits 2006 hatte Airbus Informationen über eine geplante A320 Enhanced veröffentlicht und mehrere Testflüge durchgeführt, um herauszufinden, welchen Einfluss unterschiedliche Winglet-Entwürfe auf den Treibstoffverbrauch hatten. Im November 2009 kündigte der Hersteller dann an, dass die Modelle der A320-Familie künftig op-

| A321 | |
|---|---:|
| Erstflug | 11. März 1993 |
| Länge | 44,51 m |
| Spannweite | 34,09 m |
| Höhe | 11,76 m |
| Rumpfdurchmesser | 3,96 m |
| Passagiere | 185-220 |
| Max. Abfluggewicht | 93.500 kg |
| Treibstoffvorrat | 29.500 l |
| Reichweite | 5.600 km |
| Reisegeschwindigkeit | Mach 0,78 |
| Antrieb | CFM56-5B, V2500-A5 |
| Schub | 2 x 133-148 kN |
| Bestellungen | 1.062 |
| Wichtige Betreiber | Alitalia, China Southern, Iberia, Lufthansa, US Airways |

# Airbus A330

Bereits Mitte der siebziger Jahre hatte Airbus erste Überlegungen zu zwei künftigen Flugzeugprojekten mit den vorläufigen Bezeichnungen TA-9 und TA-11 (beziehungsweise B9 und B11, analog zur B10, aus der schließlich die A310 wurde) angestellt. „TA" stand dabei für „twin aisle", also ein Flugzeug mit zwei Mittelgängen, wie es schon der erste Airbus A300B2 gewesen war.

Ursprünglich sollten die beiden neuen Modelle für Mittel- respektive Langstrecken, deren Passagierkapazität dank eines verlängerten Rumpfes größer war als die der A300, unmittelbar auf die A310 folgen, doch nach langen Überlegungen entschloss sich Airbus, zunächst die A320 in Angriff zu nehmen.

Anfang 1986 jedoch erhielten die Airbus-Verkaufsteams die Freigabe, A330 und A340 – wie TA-9 und TA-11 fortan heißen sollten – aktiv zu vermarkten. Mit den beiden neuen Großraumflugzeugen wollte Airbus Industrie moderne Nachfolger für die langsam in die Jahre kommenden dreistrahligen DC-10 und L-1011 TriStar und gleichzeitig eine Alternative zur bereits etablierten Boeing 767 sowie den ebenfalls in der Planung befindlichen Modellen Boeing 777 sowie McDonnell Douglas MD-11 offerieren. Das Doppelprogramm A330/A340 wurde schließlich im Juni 1987 offiziell gestartet.

Es hatte sich relativ schnell herausgestellt, dass sich die eigentlich sehr unterschiedlichen Vorgaben – die A330 war für lange Mittelstrecken vorgesehen, die A340 für extreme Langstrecken mit einem Verkehrsaufkommen, das den Einsatz einer 747 nicht rechtfertigte – mit nur einem Tragflügel realisieren ließen. Der daraufhin von Grund auf neu entwickelte Flügel zeichnete sich durch ein sehr hohes Streckungsverhältnis von 10:1 aus und verfügte über auffällig hochgebogene Spitzen, sogenannte Winglets.

Zwar kamen die beiden Flugzeuge durch das Vorziehen des A320-Programms später auf dem Markt, als es einige Kunden – darunter auch die Lufthansa – gerne gesehen hätten. Dafür profitierten sie aber in erheblichem Maße von den dabei gewonnenen Erkenntnissen und den eingesetzten Innovationen, zu denen nicht zuletzt die elektronische Flugsteuerung („Fly by Wire") gehörten. Auch die Cockpits von A330 und A340 waren weitgehend identisch mit denen der A320-Familie, so dass Piloten mit geringem Trainingsaufwand von Standardrumpf- auf Großraumflugzeuge und umgekehrt umgeschult werden konnten.

**Drei Triebwerke zur Auswahl**

A330 und A340 wurden – quasi als Gegenleistung für die Verlegung der A321- (und später der A319-) Fertigung nach Hamburg – in Toulouse endmontiert und dort auch ausgerüstet. Aerospatiale, heute längst in der EADS aufgegangen, errichtete eigens dafür eine neue Halle, die nach einem berühmten französischen Luftfahrtpionier den Namen Clément Ader trägt.

# Airbus

*Die deutsche Fluggesellschaft Air Berlin setzt sowohl A330-300 (Foto) als auch die kleinere A330-200 ein.*

Die A330, die zunächst nur in der Version A330-300 für maximal 440 Fluggäste (bei einer reinen Economy-Class-Bestuhlung) auf den Markt kommen sollte, unterschied sich praktisch nicht von der A340-300, wenn man von den nur zwei Triebwerken, die übrigens an den gleichen Stellen angebracht wurden, an denen bei der A340 die inneren Antriebe saßen, und den naturgemäß erforderlichen Veränderungen am Treibstoffsystem absah.

Anders als noch bei A300 und A310 wollte der Triebwerkhersteller Rolls-Royce diesmal mit an Bord sein, so dass die A330 von Anfang an mit drei unterschiedlichen Triebwerkstypen angeboten werden konnte. Das mochte den Kunden gefallen, die für den Antrieb den Hersteller ihres Vertrauens wählen konnten; für Airbus bedeutete es jedoch ein Mehr an Zulassungsaufwand und für die Motorenlieferanten

| A330-300 | |
|---|---:|
| Erstflug | 2. November 1992 |
| Länge | 63,60 m |
| Spannweite | 60,30 m |
| Höhe | 16,85 m |
| Rumpfdurchmesser | 5,64 m |
| Passagiere | 295-440 |
| Max. Abfluggewicht | 233.000 kg |
| Treibstoffvorrat | 97.170 l |
| Reichweite | 10.500 km |
| Reisegeschwindigkeit | Mach 0,82 |
| Antrieb | CF6-80E1, PW4000, Trent 700 |
| Schub | 2 x 303-320 kN |
| Bestellungen | 532 |
| Wichtige Betreiber | Cathay Pacific, Korean, Delta Air Lines |

# Airbus A330

*Eine A330-200 von Etihad Airways beim Start auf dem Flughafen von Abu Dhabi.*

einen harten und verlustreichen Kampf um Marktanteile.

Nachdem die A330-300 im November 1993 als erstes Flugzeug überhaupt gleichzeitig von der europäischen JAA und der US-amerikanischen FAA zugelassen worden war, wurde noch vor Jahresende das erste Exemplar an die französische Inlandsfluglinie Air Inter (inzwischen komplett von Air France übernommen) ausgeliefert. Mittlerweile liegen Airbus über 500 Bestellungen vor, wurden mehr als 350 Exemplare produziert, und da die Indienststellung des Nachfolgemusters A350-900 nun nicht vor Ende 2013 erfolgen soll, wird es dabei sicherlich nicht bleiben.

**A330-200 für Langstrecken**

Noch erfolgreicher als die A330-300 sollte jedoch das kleinere Schwestermodell A330-200 werden, das ab Ende 1995 angeboten wurde. Der Rumpf wurde um 4,7 Meter verkürzt und wies somit dieselbe Länge auf wie der der A340-200, so dass bei einer Ein-Klassen-Bestuhlung bis zu 380 Fluggäste untergebracht werden konnten. Das Seitenleitwerk musste vergrößert werden, um die Auswirkungen des kürzeren Rumpfes auszugleichen, und der Treibstoffvorrat stieg bei Beibehaltung des maximalen Abfluggewichts durch einen zusätzlichen Tank im Flügelmittelstück. So wuchs die Entfernung, die

# Airbus

dungen eingesetzt, für die die Fluggesellschaften bis dahin bei Airbus nur die vierstrahlige A340 kaufen konnten – deren Verkaufszahlen in der Folge deutlich zurückgingen.

Weniger erfolgreich war dagegen der Versuch, als Ablösung der kleineren A300-600 und A310 eine A330-500 auf den Markt zu bringen, die Anfang 2004 in Dienst gestellt werden sollte. Vorgesehen waren eine Verkürzung des Rumpfes um gut vier Meter und die Übernahme der für die A340-500/600 entwickelten Cockpitsysteme. Mit einem maximalen Abfluggewicht nur wenig unter dem der A330-200 wäre das Flugzeug aber vergleichsweise schwer geworden, was sich negativ auf die Betriebskosten auswirkte, so dass das Vorhaben – anders als der im Sommer 2010 erstmals ausgelieferte Frachter A330-200F – nie realisiert wurde. ■

das Flugzeug nonstop zurücklegen konnte, auf bis zu 12.500 Kilometer. Das erste Exemplar wurde im April 1998 über das Leasingunternehmen ILFC an Canada 3000 ausgeliefert.

Die Kombination aus Reichweite und Passagierkapazität, die das neue Flugzeug zu einem mehr als Ernst zu nehmenden Herausforderer für Boeings 767-300ER machte, stieß auf großes Interesse vor allem bei Charterfluggesellschaften. Speziell nach der ETOPS-180-Zulassung, die den Einsatz des Twinjets auch auf Routen gestattete, die bis zu drei Flugstunden von einem Ausweichflughafen entfernt lagen, wurde die A330-200 vermehrt auch auf Langstrecken-Linienverbin-

| A330-200 | |
|---|---:|
| Erstflug | 13. August 1997 |
| Länge | 59,00 m |
| Spannweite | 60,30 m |
| Höhe | 17,40 m |
| Rumpfdurchmesser | 5,64 m |
| Passagiere | 253-380 |
| Max. Abfluggewicht | 233.000 kg |
| Treibstoffvorrat | 139,100 l |
| Reichweite | 12.500 km |
| Reisegeschwindigkeit | Mach 0,82 |
| Antrieb | CF6-80E1, PW4000, Trent 700 |
| Schub | 2 x 303-320 kN |
| Bestellungen[1] | 566 |
| Wichtige Betreiber | Air France, Emirates |

1) Ohne Frachter

# Airbus A340

*Eine A340-200 der Lufthansa flog einige Zeit in dieser auffälligen Star-Alliance-Bemalung.*

Gemeinsam mit der A330 wurde am 5. Juni 1987 auch das A340-Programm eines vierstrahligen Langstreckenflugzeugs gestartet, das in zwei Versionen für maximal 380 (A340-200) beziehungsweise 440 Passagiere (A340-300) auf den Markt kommen sollte. Wie bereits an anderer Stelle erwähnt, gehörte vor allem Lufthansa zu den Befürwortern eines Airbus-Langstreckenflugzeugs, das den Jumbo auf Strecken mit geringerem Passagieraufkommen ablösen sollte. Folgerichtig war die deutsche Fluglinie 1987 auch unter den Erstkunden der A340 und stellte den neuen Jet fast zeitgleich mit Air France Anfang 1993 in Dienst.

Abgesehen von einigen kleineren Veränderungen am Treibstoffsystem, die die beiden zusätzlichen Triebwerke mit sich brachten, war die A340 im Wesentlichen baugleich mit der A330. Anders als bei dem zweistrahligen Schwestermodell, für das alle drei großen Triebwerkhersteller geeignete Motoren im Angebot hatten, litt das A340-Programm anfangs ein wenig unter der Nichtverfügbarkeit geeigneter Antriebe. Nachdem das IAE-Konsortium (International Aero Engines, ein Gemeinschaftsunternehmen unter anderem von Pratt & Whitney, Rolls-Royce und MTU) erkennen musste, dass das vorgesehene Superfan-Triebwerk auf Basis des V2500 nicht die garantierte Leistung von 127 kN würde erbringen können, konnte Airbus nur auf das zwar sehr verbrauchsgünstige, aber für ein Flugzeug dieser Größe eigentlich zu schwache CFM56-5C zurückgreifen, was der A340 nicht gerade zu überragenden Steigleistungen verhalf. A340-Piloten mussten sich deshalb so manch spöttische Bemerkung gefallen lassen.

# Airbus

Das konnte den Verantwortlichen bei den Airlines jedoch gleichgültig sein, so lange das Flugzeug wirtschaftlich und zuverlässig seinen Dienst verrichtete. Vor allem in den Anfangsjahren verkaufte sich die A340 sehr gut, doch spätestens nachdem Boeings 777 die Erlaubnis für Flüge von mehr als drei Stunden Dauer unter ETOPS-Bedingungen erhalten hatte, geriet Airbus bei den Bestellungen zusehends ins Hintertreffen. Speziell für die A340-200 gingen kaum noch Aufträge ein, zumal ihr auch noch die hauseigene A330-200 Konkurrenz machte.

Ein Versuch, die kleinere der beiden Versionen als A340-8000 mit einem maximalen Abfluggewicht von 275 Tonnen und einer Reichweite von bis zu 15.000 Kilometern (rund 8.000 Seemeilen) zu vermarkten, blieb erfolglos. Etwas mehr Glück war dem Hersteller mit der ab 2004 ausgelieferten A340-300E („E" für „enhanced", also „verbessert") beschieden, die maximal 13.700 Kilometer zurücklegen konnte und ein überarbeitetes Cockpit mit den bei A340-500 und -600 eingeführten Flüssigkristall-Bildschirmen, eine modifizierte Kabinengestaltung und leistungsstärkere sowie weniger durstige CFM56-5C/P-Triebwerke erhielt.

## 747-Herausforderer

Ersten Airbus-Vorschlägen für eine gestreckte A340 unter Beibehaltung der Tragflächen und der Triebwerke hatten die Fluglinien nichts abgewinnen können, und so gab der europäische Hersteller schließlich im Dezember 1997 nach einem Auftrag von Virgin Atlantic grünes Licht für zwei gründlich überarbeitete neue Versionen mit den Bezeichnungen A340-500 und -600. Ers-

| A340-200 | |
|---|---:|
| Erstflug | 1. April 1992 |
| Länge | 59,40 m |
| Spannweite | 60,30 m |
| Höhe | 16,80 m |
| Rumpfdurchmesser | 5,64 m |
| Passagiere | 261-380 |
| Max. Abfluggewicht | 260.000 kg |
| Treibstoffvorrat | 155.040 l |
| Reichweite | 12.800 km |
| Reisegeschwindigkeit | Mach 0,82 |
| Antrieb | CFM56-5C4 |
| Schub | 4 x 151 kN |
| Bestellungen | 28 |
| Wichtige Betreiber | Aerolíneas Argentinas, South African Airways |

| A340-300 | |
|---|---:|
| Erstflug | 25. Oktober 1991 |
| Länge | 63,60 m |
| Spannweite | 60,30 m |
| Höhe | 16,85 m |
| Rumpfdurchmesser | 5,64 m |
| Passagiere | 300-440 |
| Max. Abfluggewicht | 276.500 kg |
| Treibstoffvorrat | 147.850 l |
| Reichweite | 13.700 km |
| Reisegeschwindigkeit | Mach 0,82 |
| Antrieb | CFM56-5C4 |
| Schub | 4 x 151 kN |
| Bestellungen | 218 |
| Wichtige Betreiber | Air France, Cathay Pacific, Lufthansa, Swiss |

# Airbus A340

*Air China betreibt gegenwärtig rund 100 Airbus-Flugzeuge, darunter auch diese A340-300, die bei der Landung in Beijing aufgenommen wurde.*

tere sollte bei einer nur unwesentlich gegenüber der -300 erhöhten Passagierkapazität die größte Reichweite aller Verkehrsflugzeuge bieten und den Airlines damit ermöglichen, extreme Langstrecken von mehr als 15.000 Kilometern zu fliegen, für die nach Auffassung von Airbus ein zweistrahliges Flugzeug nicht geeignet war. Die A340-600 bot dagegen aufgrund ihrer Kapazität (rund 380 Sitze bei einer Drei-Klassen-Auslegung) die Möglichkeit, ältere Boeing 747 der Serien 100 bis 300 durch ein modernes und verbrauchsgünstigeres Flugzeug zu ersetzen. Mit einer Gesamtlänge von mehr als 75 Metern war sie zu diesem Zeitpunkt das längste Verkehrsflugzeug der Welt und blieb es bis zur Indienststellung der Boeing 747-8.

### Größer und schneller

Um dem erhöhten Auftriebsbedarf der schwereren Flugzeuge gerecht zu werden, wurde die Flügelfläche um 20,4 Prozent vergrößert. Dies geschah zum einen durch Einfügen eines sich von der Flügelwurzel zur -spitze hin verjüngenden Einsatzes in den Flügelkasten sowie durch eine Erhöhung der Spannweite um etwa drei Meter. Dadurch stieg das Treibstoffvolumen um fast 40 Prozent. Zudem konnte die Reisegeschwindigkeit, einer der Schwachpunkte der A340 gegenüber der 777, leicht von Mach 0,82 auf Mach 0,83 angehoben werden.

Das zentrale Hauptfahrwerk erhielt nun vier statt zwei Räder, das Bugfahrwerk wurde verlängert und mit größeren Reifen ausgestattet, so dass der Kabinenboden des geparkten Flugzeugs nicht mehr zum Bug hin abfiel. Das verhältnismäßig kleine Leitwerk der ersten beiden A340-Varianten wurde vergrößert, wobei Höhenflosse und -ruder eine Neuentwicklung darstellten, wäh-

rend das Seitenleitwerk von der A330-200 übernommen werden konnte.

Bei der Cockpitgestaltung beließ man im Prinzip alles beim Alten, allerdings wurden die sechs Röhrenbildschirme (CRT) durch modernere Flüssigkristalldisplays (LCD) ersetzt. Angesichts des um nahezu 100 Tonnen gestiegenen maximalen Abfluggewichts kam das CFM56 als Antrieb natürlich nicht mehr in Frage. Statt dessen wählte Airbus das Trent 500 von Rolls-Royce, für das der Fan des Trent 700 (Airbus A330) mit dem Kern des Trent 800 (Boeing 777) sowie einer neuen Niederdruckturbine kombiniert wurde.

Auf der Farnborough Airshow im Juli 2002 wurde die erste A340-600 an Virgin Atlantic übergeben, im Oktober 2003 stellte Emirates Airline als erste Fluggesellschaft die A340-500 in Dienst. Zu den Betreibern dieses Musters gehört unter anderem Singapore Airlines, die das Flugzeug auf ihrer

# Airbus A340

*Thai Airways International gehört zu den wenigen Fluggesellschaften, die A340-500 einsetzen.*

Nonstop-Verbindung vom New Yorker Flughafen Newark in ihre Heimatstadt einsetzt – ein 18-stündiger Flug über eine Entfernung von mehr als 15.000 Kilometern.

### 747-Herausforderer

Nachdem Airbus anfänglich eine Reihe von Aufträgen für A340-500 und -600 verbuchen konnte – nicht zuletzt, weil lange Zeit nicht sicher war, ob Boeing die geplanten Konkurrenzmodelle 777-200LR und -300ER würde realisieren können –, ging die Nachfrage nach Indienststellung der beiden neuen Boeing-Ultralangstreckenmuster drastisch zurück, besonders als die ökonomischen Nachteile der vierstrahligen Auslegung angesichts steigender Kerosinpreise deutlich zu Tage traten. Zudem hatte die A340-600 während der ersten Monate im Liniendienst mit einer Reihe von Problemen zu kämpfen gehabt, und Singapore Airlines musste, um die gewünschten Ultralangstrecken mit der A340-500 auch wirklich bedienen zu können, erhebliche Zugeständnisse

| A340-500 | |
|---|---:|
| Erstflug | 11. Februar 2002 |
| Länge | 67,50 m |
| Spannweite | 63,50 m |
| Höhe | 17,10 m |
| Rumpfdurchmesser | 5,64 m |
| Passagiere | 282-375 |
| Max. Abfluggewicht | 380.000 kg |
| Treibstoffvorrat | 223.010 l |
| Reichweite | 16.670 km |
| Reisegeschwindigkeit | Mach 0,83 |
| Antrieb | Trent 500 |
| Schub | 4 x 236-249 kN |
| Bestellungen | 36 |
| Wichtige Betreiber | Emirates Airline, Singapore Airlines, Thai Airways International |

# Airbus

*Die Langstreckenflotte der Iberia besteht ausschließlich aus A340 der Versionen -300 und -600 (Foto).*

bei der Passagier- und Frachtkapazität machen. Statt der theoretisch möglichen 375 wurden gerade einmal 181 Sitze installiert.

Abhilfe versprach sich Airbus von der A340-500HGW, die im Oktober 2006 zum Erstflug startete. Durch das auf 380 Tonnen erhöhte maximale Startgewicht vergrößerte sich die Nutzlast um rund sechs Tonnen, und die Reichweite stieg auf bis zu 16.670 Kilometer. Die ebenfalls bis zu 380 Tonnen schwere A340-600HGW wurde bereits am 14. April 2006 zugelassen und wenig später von Qatar Airways in Dienst gestellt.

Doch trotz dieser Bemühungen sieht es ganz so aus, als sei die Zeit der vierstrahligen Flugzeuge – einmal abgesehen vom Segment der Jumbos und Super-Jumbos – inzwischen vorbei. Die Auftragsbücher der beiden großen Hersteller sprechen jedenfalls eine deutliche Sprache. Und spätestens mit Indienststellung der A350 dürfte dieses Kapitel auch bei Airbus abgeschlossen sein.

| A340-600 | |
|---|---:|
| Erstflug | 23. April 2001 |
| Länge | 75,30 m |
| Spannweite | 63,50 m |
| Höhe | 17,30 m |
| Rumpfdurchmesser | 5,64 m |
| Passagiere | 359-475 |
| Max. Abfluggewicht | 380.000 kg |
| Treibstoffvorrat | 195.880 l |
| Reichweite | 14.600 km |
| Reisegeschwindigkeit | Mach 0,83 |
| Antrieb | Trent 500 |
| Schub | 4 x 249-267 kN |
| Bestellungen | 97 |
| Wichtige Betreiber | Iberia, Lufthansa, South African Airways, Virgin Atlantic |

# Airbus A350

*Die A350 XWB wird einen völlig neuen Rumpf erhalten, der breiter ist als der von A330 und Boeing 787.*

Nachdem Airbus die Gefahr, die den eigenen Produkten A330 und A340 seitens der neuen Boeing 787 drohte, anfänglich unterschätzt hatte, reagierte der europäische Hersteller Ende 2004 mit der Vorstellung der A350-Familie. Sie sollte ab 2011 in den beiden Versionen A350-800 und -900 angeboten werden, die nicht viel mehr waren als leicht modifizierte A330-200 beziehungsweise -300, deren Abmessungen sie im Wesentlichen teilten. Die wichtigste Neuerung war die Verwendung der modernen, für die 787 entwickelten Triebwerke von General Electric und Rolls-Royce.

Obwohl Airbus nach dem offiziellen Programmstart am 6. Oktober 2005 ei-

| A350-800 | |
|---|---|
| Länge | 60,54 m |
| Spannweite | 64,75 m |
| Höhe | 17,10 m |
| Rumpfdurchmesser | 5,96 m |
| Passagiere | 270 |
| Max. Abfluggewicht | 248.000 kg |
| Reichweite | 15.700 km |
| Reisegeschwindigkeit | Mach 0,85 |
| Antrieb | Trent XWB |
| Schub | 2 x 337 kN |
| Bestellungen | 135 |
| Wichtige Kunden | Kingfisher, US Airways |

| A350-900 | |
|---|---|
| Länge | 66,89 m |
| Spannweite | 64,75 m |
| Höhe | 17,10 m |
| Rumpfdurchmesser | 5,96 m |
| Passagiere | 314 |
| Max. Abfluggewicht | 268.000 kg |
| Reichweite | 15.000 km |
| Reisegeschwindigkeit | Mach 0,85 |
| Antrieb | Trent XWB |
| Schub | 2 x 374 kN |
| Bestellungen | 357 |
| Wichtige Kunden | Cathay, Emirates, United |

# Airbus

ne Reihe von Aufträgen für die A350 verbuchen konnte, zeigte sich rasch, dass die meisten Fluggesellschaften alles andere als glücklich über den eingeschlagenen Weg waren. Daran konnten auch weitere Veränderungen, beispielsweise eine neu gestaltete Bugsektion, eine an die A380 angelehnte Cockpitinstrumentierung und der großflächige Einsatz von Aluminium-Lithium-Legierungen, nicht ändern.

Weil vor allem das Festhalten an dem noch auf der A300 basierenden Rumpfquerschnitt kritisiert wurde, stellte Airbus auf der Farnborough Airshow im Juli 2006 die A350 XWB (für „eXtra Wide Body") vor. Sie sollte über einen um rund 30 Zentimeter verbreiterten Rumpf, größere Kabinenfenster sowie von Grund auf neu entwickelte, stärker als zuvor gepfeilte Tragflächen verfügen. Statt wie bislang zwei waren nun drei Versionen vorgesehen, wobei die A350-1000 hinsichtlich Passagierkapazität und Reichweite eindeutig als Konkurrent der 777-300ER und aller Voraussicht nach als Ablösung der eigenen A340-600 zu sehen war. Erstmals verabschiedete sich Airbus damit von der Philosophie, für extreme Langstrecken nur vierstrahlige Flugzeuge anzubieten.

Zunächst war geplant, ab Mitte 2012 mit der Auslieferung der A350-900 zu beginnen, doch als der Verwaltungsrat des Airbus-Mutterkonzerns EADS am 1. Dezember 2006 endgültig grünes Licht für den Bau der A350 XWB gab, wurde als neuer Termin die Jahresmitte 2013 genannt. Die erneute Verschiebung hatte ihre Ursache nicht zuletzt in der nochmaligen Überarbeitung des A350-XWB-Entwurfs; Airbus hatte sich nämlich entschieden, weite Teile des Rumpfes aus Faserverbundwerkstoffen herzustellen. Mittlerweile wurde der Erstauslieferungszeitpunkt auf Ende 2013 verschoben, wobei viele der inzwischen zahlreichen Kunden skeptisch sind, dass der Zeitplan eingehalten werden kann. A350-800 und -1000 sollen, so die Planung bei Drucklegung dieses Buches, Mitte 2016 beziehungsweise Mitte 2017 folgen.

Angesichts des erweiterten Schubbedarfs der seit 2006 dreiköpfigen Flugzeugfamilie reichten die ursprünglich vorgesehenen Antriebe nicht mehr aus. Als erster – und bislang einziger – Motorenhersteller erklärte sich Rolls-Royce bereit, eine neue Version der Trent-Triebwerksfamilie speziell für die A350 XWB zu entwickeln. ■

| A350-1000 | |
|---|---|
| Länge | 73,88 m |
| Spannweite | 64,75 m |
| Höhe | 17,10 m |
| Rumpfdurchmesser | 5,96 m |
| Passagiere | 350 |
| Max. Abfluggewicht | 308.000 kg |
| Reichweite | 15.600 km |
| Reisegeschwindigkeit | Mach 0,85 |
| Antrieb | Trent XWB |
| Schub | 2 x 432 kN |
| Bestellungen | 75 |
| Wichtige Kunden | Etihad, Emirates |

# Airbus A380

*Wichtigster A380-Kunde ist Emirates Airline mit inzwischen 90 Festbestellungen.*

# Airbus

# Airbus A380

Mit der A380 hat Airbus den alten Konkurrenten Boeing als Hersteller des größten Verkehrsflugzeugs der Welt abgelöst. Für geschätzte mehr als zehn Milliarden Dollar Entwicklungskosten entstand ein Flugzeug, ohne das nach Airbus-Auffassung das Wachstum des weltweiten Luftverkehrs nicht zu bewältigen ist.

Bereits Anfang der neunziger Jahre hatte der europäische Hersteller erste Überlegungen angestellt, wie man das Boeing-Monopol bei den Flugzeugen mit mehr als 400 Sitzen brechen konnte. Nachdem Überlegungen, gemeinsam mit dem Konkurrenten aus Übersee ein solches, vorläufig als Very Large Commercial Transport (VLCT) bezeichnetes Flugzeug zu entwickeln, fruchtlos geblieben waren, konzentrierte Airbus sich ab 1996 mit der eigens gegründeten Large Aircraft Division ganz auf den eigenen, zunächst A3XX genannten Entwurf. Schon Computerdarstellungen aus dieser Zeit zeigten die spätere Konfiguration des Flugzeugs mit zwei durchgehenden Passagierdecks und einem auf halber Höhe dazwischen angeordneten Cockpit. Noch frühere Entwürfe, die beispielsweise zwei nebeneinander platzierte A340-Rümpfe aufwiesen, hatten sich nicht durchsetzen können.

Die Basisversion A3XX-100 sollte bei einer Drei-Klassen-Bestuhlung 555 Fluggästen und bei einer reinen Economy-Class-Auslegung sogar 853 Passagieren Platz bieten. Bei entsprechendem Bedarf sollte später eine A3XX-200 mit standardmäßig 656 Sitzplätzen folgen. Von einer kleineren Version, die als A3XX-50 die doch recht beachtliche Kapazitätslücke zwischen A340-600 und A380-800 schließen sollte, war beim Programmstart am 19. Dezember 2000 schon nicht mehr die Rede. Statt dessen wurde zeitgleich mit der fortan als A380-800 firmierenden Ausgangsversion, für die zu diesem Zeitpunkt 50 Festbestellungen vorlagen, die Frachtervariante A380-800F aufgelegt.

**Ein ganz normales Flugzeug**

Die Vorgaben an das neue Flugzeug hatten es in sich: Die vorhandenen Infrastruktureinrichtungen an den Flughäfen in aller Welt sollten so weit wie möglich genutzt werden können, die Betriebskosten um rund 15 Prozent unter denen der 747-400 liegen und die strengen Lärmgrenzwerte am Londoner Flughafen Heathrow eingehalten werden. Die beiden letztgenannten Punkte fielen vor allem in die Zuständigkeit der Triebwerkshersteller. Rolls-Royce offerierte mit dem Trent 900 eine Weiterentwicklung des Boeing-777-Antriebs Trent 800, während die beiden anderen großen Motorenbauer General Electric und Pratt & Whitney gemeinsam das GP7200 anboten, eine Kombination aus dem modifizierten Kerntriebwerk (Hochdruckverdichter, Brennkammer, Hochdruckturbine) des GE90 und den weiterentwickelten Niederdruckkomponenten (Fan, Niederdruckturbine) des PW4090, die beide ebenfalls für die 777 entwickelt worden waren.

# Airbus

*Als erstes Verkehrsflugzeug verfügt der Airbus A380 über zwei durchgehende Passagierdecks.*

So wie für den Antrieb musste im Prinzip für die komplette A380 das Flugzeug nicht neu erfunden werden. Abgesehen vom Hydrauliksystem, bei dem der Druck von den bis dahin üblichen 3.000 psi auf 5.000 psi (345 Bar bzw. 34.474 kPa) gesteigert wurde, um Gewicht zu sparen, waren sämtliche Komponenten und Systeme in ähnlicher Form bereits in früheren Airbussen zum Einsatz gekommen – nur eben in der Regel etwas kleiner dimensioniert.

Auch beim Cockpit ging man behutsam vor und setzte nicht alles, was technisch möglich gewesen wäre, auch um. Auf acht großen Flüssigkristallbildschirmen begegneten den Piloten im Wesentlichen die von den anderen Airbussen bekannten Symbologien. Neu waren das „Vertical Display", ein Vertikalschnitt durch den Flugweg, der im unteren Teil des Navigationsbildschirms dargestellt wurde, und das „Onboard Information System", das unter anderem das zuvor in Papierform mitgeführte Kartenmaterial ersetzen sollte.

Selbstverständlich würde ein Flugzeug dieser Größe nicht ohne weiteres an jedem Flughafen eingesetzt werden können, andererseits waren vielerorts für den Einsatz der (längeren) A340-600 und der (pro Quadratzentimeter Landebahn schwereren) 777-300ER Veränderungen am Startbahn- und Rollwegesystem vorgenommen worden. Unumgänglich war allerdings die Installation zusätzliche Fluggastbrücken, denn wenn die Bodenstandzei-

# Airbus A380

ten nicht größer werden sollten als bei der 747-400, war es zumindest sinnvoll, die Passagiere gleichzeitig im Haupt- und Oberdeck von beziehungsweise an Bord gehen zu lassen.

Airbus wiederum musste sich Gedanken machen, wie die riesigen Rumpfsegmente sowie die nicht minder gewaltigen Tragflächen von den Werken in Deutschland, Frankreich, Großbritannien und Spanien ins französische Toulouse gebracht werden konnten, wo die A380 ebenso wie die anderen Airbus-Großraumflugzeuge endmontiert werden sollte. Die Beluga-Frachtflugzeuge waren dafür zu klein, so dass man statt des Lufttransports den Seeweg wählte und dafür Spezialfrachtschiffe in Auftrag gab.

Am 18. Januar 2005 wurde die erste A380 mit der Seriennummer MSN001 im Rahmen einer mehrstündigen Feierstunde und im Beisein zahlreicher prominenter Gäste – darunter die Staatsbeziehungsweise Regierungschefs der Airbus-Länder – erstmals der Öffentlichkeit präsentiert.

Der Jungfernflug von MSN001 am 27. April desselben Jahres markierte den Beginn eines umfangreichen Erprobungsprogramms, an dem insgesamt fünf A380 – vier davon mit Trent-900- und eine mit GP7200-Triebwerken – beteiligt waren. Eine der größten Hürden, die für die Zulassung zu nehmen waren, war zweifellos der Evakuierungsversuch. Am 26. März 2006 konnte erfolgreich nachgewiesen werden,

*Als erste Fluggesellschaft stellte Singapore Airlines Ende 2007 die A380 in Dienst.*

# Airbus

*Die australische Qantas hat insgesamt 20 Exemplare des größten Verkehrsflugzeugs der Welt bestellt.*

dass auch ein mit 853 Passagieren und 20 Besatzungsmitgliedern vollbesetztes Flugzeug innerhalb von nur 90 Sekunden über die Hälfte der normalerweise zur Verfügung stehenden 16 Notausgänge evakuiert werden kann.

Ursprünglich hatte Singapore Airlines im Sommer 2006 die erste A380 in Dienst stellen sollen, doch Probleme vor allem im Bereich der Verkabelung beziehungsweise grundsätzlich im Produktionsablauf verzögerten die Zulassung – die schließlich am 12. Dezember 2006 zeitgleich von der europäischen Flugsicherheitsbehörde EASA und der US-Luftfahrtbehörde FAA ausgesprochen wurde – und den Beginn der Auslieferungen. Erst am 15. Oktober 2007 übernahm Singapore Airlines das erste Exemplar des weltgrößten Passagierflugzeugs.

| A380-800 | |
|---|---:|
| Erstflug | 27. April 2005 |
| Länge | 73,00 m |
| Spannweite | 79,80 m |
| Höhe | 24,10 m |
| Rumpfdurchmesser | 7,14 m |
| Passagiere | 555-853 |
| Max. Abfluggewicht | 560.000 kg |
| Treibstoffvorrat | 310.000 l |
| Reichweite | 15.000 km |
| Reisegeschwindigkeit | Mach 0,85 |
| Antrieb | Trent 900, GP7200 |
| Schub | 4 x 311 kN |
| Bestellungen | 236 |
| Wichtige Kunden | Air France, Emirates, Lufthansa, Qantas, Singapore Airlines |

# Antonow AN-24

*Eine AN-24 der mongolischen MIAT.*

Was die Fokker F27 im Westen war, war die AN-24 für die meisten Länder des kommunistischen Macht- und Einflussbereichs: ein universell einsetzbares, zuverlässiges und unverwüstliches Turbopropflugzeug.

Entworfen, um die noch immer zahlreich im Einsatz stehenden Li-2, IL-14 und IL-18 abzulösen, wurde die anfänglich 32-sitzige, später dann auch 44 und bis zu 50 Plätze bietende AN-24 ab 1962 zunächst von Aeroflot und später dann von etlichen weiteren Fluggesellschaften in Dienst gestellt. Die AN-24 war sicher nicht so spektakulär wie die etwa zur gleichen Zeit auftauchenden Jets oder die riesige, viermotorige TU-114, aber die mehr als 1.000 gebauten Exemplare des von zwei Iwtschenko-Propellerturbinen angetriebenen Hochdeckers verrichteten über 40 Jahre lang zuverlässig ihren Dienst als Arbeitspferd auf kurzen Strecken. Dazu trug sicherlich bei, dass sich die AN-24, deren Triebwerke – anfangs hatte auch die Verwendung von vier Kolbenmotoren

# Antonow

zur Debatte gestanden – und Propeller weit vom Boden entfernt waren, gut für den Einsatz von unbefestigten Pisten eignete. Um trotz des verhältnismäßig kleinen Flügels kurze Startstrecken zu ermöglichen, erhielten die Tragflächen Spaltklappen.

Die AN-24 verfügte zudem über eine sehr hohe Lebensdauer, was bis zu ihrer Indienststellung nicht unbedingt die wichtigste aller Vorgaben bei sowjetischen Flugzeugprojekten gewesen war. ■

| AN-24T | |
|---|---|
| Erstflug[1] | 20. Oktober 1959 |
| Länge | 23,53 m |
| Spannweite | 29,20 m |
| Höhe | 8,32 m |
| Kabinenbreite | 2,76 m |
| Passagiere | 44–50 |
| Max. Abfluggewicht | 21.000 kg |
| Treibstoffvorrat | 4.760 kg |
| Reichweite | 3.000 km |
| Reisegeschwindigkeit | 450 km/h |
| Antrieb | AI-24A |
| Schub | 2 x 2.550 PS |
| Bestellungen | › 1.000 |
| Wichtigste Betreiber | Aeroflot |
| 1) Jungfernflug der ursprünglichen AN-24 | |

# Antonow AN-140

Nachdem man mit der AN-24 ein erfolgreiches Regionalflugzeug entwickelt und produziert hatte, das auch 40 Jahre nach seinem Erstflug noch immer im Einsatz stand, wollte Antonow auch gleich das Nachfolgemodell liefern. Trotz einer gewissen äußerlichen Ähnlichkeit zum Vorgängermuster handelte es sich bei der AN-140 um eine komplette Neuentwicklung. Der 46- bis 52-sitzige Hochdecker war als modernes, zweimotoriges Flugzeug mit einer Reichweite von 2.100 bis 2.650 Kilometern und einer Reisegeschwindigkeit von etwas über 500 km/h konzipiert, das auch auf weniger gut ausgebauten Flugplätzen eingesetzt werden konnte. Nicht zuletzt aus diesem Grund erhielt die AN-140 ein verstärktes Fahrwerk mit Niederdruckreifen und eine bei Flugzeugen dieser Klasse nicht unbedingt übliche Hilfsgasturbine (APU). Als Antrieb dienten zwei Turboprop-Triebwerke des Typs TV3-117VMA-SBM1, die vom russischen Hersteller Klimow gemeinsam mit dem Progress-Entwurfsbüro und Motor Sich aus der Ukraine entwickelt und bei letztgenanntem Unternehmen auch produziert wurden.

Anders als bei vielen Neuentwicklungen von Flugzeugherstellern aus der ehemaligen UdSSR verlief das Erprobungsprogramm der AN-140 nach dem

# Antonow

*Yakutia Air aus Jakutsk in Sibirien ist einer der ersten Betreiber der Antonow AN-140.*

Für Exportaufträge war eine AN-140-Version mit PW127A-Propellerturbinen von Pratt & Whitney Canada vorgesehen, die aber noch nicht realisiert wurde. Ebenso wenig wie eine angedachte AN-140-100, in deren um 3,80 Meter gestrecktem Rumpf maximal 68 Passagiere Platz finden sollten. Statt dessen wird eine ebenfalls AN-140-100 bezeichnete Version mit um einen Meter vergrößerter Spannweite angeboten.

Bislang konnte die AN-140 noch nicht annähernd an die Verkaufszahlen des Vorgängermusters anknüpfen. Nur wenig mehr als zwei Dutzend Exemplare wurden seit Programmbeginn produziert und in Dienst gestellt, und es sieht auch nicht so aus, als sollte sich das noch groß ändern. ■

Jungfernflug am 17. September 1997 relativ zügig, so dass am 25. April 2000 die Zulassung erteilt wurde. Bis zur erstmaligen Indienststellung bei Aeromost-Charkov vergingen allerdings noch weitere zwei Jahre.

Für die Serienfertigung wurden zwei Endmontagelinien aufgelegt – eine im ukrainischen Charkow und eine weitere in Samara in Russland. Zusätzlich wurde mit der iranischen HESA aus Isfahan ein Abkommen über die Lizenzproduktion unter der Bezeichnung IR.AN-140 geschlossen, wobei die ersten Exemplare lediglich aus vorgefertigten Bausätzen montiert werden sollten.

| AN-140-100 | |
|---|---:|
| Erstflug | 17. September 1997 |
| Länge | 22,61 m |
| Spannweite | 25,51 m |
| Höhe | 8,23 m |
| Kabinenbreite | 2,60 m |
| Passagiere | 46-52 |
| Max. Abfluggewicht | 21.500 kg |
| Treibstoffvorrat | 4.330 kg |
| Reichweite | 1.720 km |
| Reisegeschwindigkeit | 537 km/h |
| Antrieb | TV3-117VMA-SBM1 |
| Leistung | 2 x 2.466 hp |
| Bestellungen[1] | › 50 |
| Wichtigste Betreiber | Azerbeijan Airlines |
| 1) AN-140 und AN140-100, ohne IR.AN-140 | |

# Antonow AN-148

*Eine AN-148-100B der Rossiya. Bislang wurden erst wenige Exemplare von Antonows 80-Sitzer in Dienst gestellt.*

Trotz einer – zumindest auf den ersten Blick – gewissen äußeren Ähnlichkeit und einer vergleichbaren Typenbezeichnung haben die AN-140 und die AN-148 nicht viel gemein. Als Ausgangspunkt kann vielmehr die AN-74TK-300 angesehen werden, bei der die Triebwerke, die bei früheren AN-74-Modellen auf den Tragflächen montiert waren, nun mit einer konventionellen Aufhängung unter den Flügeln befestigt wurden. Allerdings wurden viele nicht mehr unbedingt zeitgemäße System beibehalten, und nachdem Antonow erkennen musste, dass man auf diese Weise ebenso wenig ernsthaft mit neuen Entwicklungen wie Suchojs Superjet 100 (vormals Russian Regional Jet) ernsthaft würden konkurrieren können wie mit einer auf Jetantrieb umgerüsteten AN-140, wurde Anfang des 21. Jahrhunderts der Bau der AN-148 in Angriff genommen. Erstmals bediente sich Antonow dabei moderner digitaler Entwurfswerkzeuge, um Entwicklungszeit und -kosten zu reduzieren. Die AN-148 erhielt ein modernes Glascockpit mit fünf Flüssigkristallbildschirmen, ein elektronisches Flugregelsystem („Fly by Wire"), das auf dem des Großfrachters AN-70 basierte, und einen breiteren Rumpf, der die Installation von fünf Sitzen pro Reihe und damit in der Version AN-148-100 die Unterbringung von 55 bis 80 Passagieren gestattete. Die Reichweite der Basisvariante AN-148-100B sollte etwa 4.000 Kilometer betragen, die AN-148-100E sollte sogar 5.100 Kilometer nonstop zurücklegen können. Vorgesehen war darüber hinaus der Bau einer gestreckten AN-148-200 für 90 bis 100 Fluggäste als Konkurrenz zu Tupolews TU-334.

Als Antrieb der AN-148 wurde das D436-148 von ZMKB Progress ausge-

# Antonow

wählt, das die von der ICAO im Kapitel 4 festgelegten Lärmgrenzwerte unterbietet. Die Hochdecker-Auslegung der AN-140 und AN-74 wurde beibehalten, um Flügel und Triebwerke vor der Beschädigung durch Steine oder ähnliche Fremdkörper zu schützen. Der Einsatz auch von weniger gut ausgerüsteten Flughäfen sollte zudem durch den Einbau einer Hilfsgasturbine (APU) sowie eines Auto-Diagnose-Systems zur Fehlererkennung erleichtert werden.

Zwar stützt sich Antonow auf einige westliche Zulieferer; dennoch ist die AN-148 im Wesentlichen ein ukrainisch-russisches Vorhaben, das seine Abstammung von vorangegangenen Flugzeugprojekten nicht verleugnen kann. Ein solches Vorgehen reduziert zweifellos die Exportchancen, bedeutet andererseits aber eine Verkürzung der Entwicklungszeit und ein weniger komplexes Programm-Management als etwa beim Superjet 100, was sich wiederum in einem nicht unerheblichen zeitlichen Vorsprung niederschlug.

Am 17. Dezember 2004 startete der erste Prototyp von Kiew aus zu seinem Jungfernflug. Nachdem die Zulassung ursprünglich bereits für Anfang 2006 angestrebt worden war, konnte das Erprobungsprogramm schließlich Ende 2006 abgeschlossen werden; verglichen mit anderen Flugzeugprojekten aus der ehemaligen Sowjetunion noch immer ein extrem kurzer Zeitraum. Die Zertifizierung erfolgte am 26. Februar 2007, es dauerte dann aber noch bis Juni bzw. Dezember 2009, ehe die ersten Flugzeuge aus ukrainischer respektive russischer Produktion in Dienst gestellt wurden.

Die mittlerweile in AN-158 umbenannte AN-148-200 absolvierte am 28. April 2010 ihren Jungfernflug.

| AN-148-100B | |
|---|---:|
| Erstflug | 17. Dezember 2004 |
| Länge | 29,13 m |
| Spannweite | 28,91 m |
| Höhe | 8,20 m |
| Kabinenbreite | 2,11 m |
| Passagiere | 70-80 |
| Max. Abfluggewicht | 41.500 kg |
| Treibstoffvorrat | 12.100 kg |
| Reichweite | 3.515 km |
| Reisegeschwindigkeit | 870 km/h |
| Antrieb | D436-148 |
| Schub | 2 x 65,6 kN |
| Bestellungen | > 200 |
| Wichtige Kunden | Rossiya, Scat Air, Polet Airlines |

# ATR 42

*Speziell auf den rasch wachsenden asiatischen Märkten sieht ATR auch künftig gutes Absatzchancen für Turboprops wie die ATR 42, die unter anderem von Air Deccan aus Indien eingesetzt wird.*

Im Jahr 1981 schlossen die französische Aerospatiale und die italienische Aeritalia (heute Alenia) ein Kooperationsabkommen, in dessen Rahmen sie ein zweimotoriges und vierzigsitziges Regionalflugzeug entwickeln wollten. Die beiden Unternehmen hatten zuvor bereits an eigenen Entwürfen gearbeitet, die nun im ATR-Programm zusammengelegt wurden. Es entstand für damalige Verhältnisse ein Flugzeug der neuesten Generation in Gestalt der ATR 42-300 mit zwei PW120-Triebwerken von Pratt & Whitney Canada, das in seiner Basisversion 48 Passagiere aufnehmen konnte. Rumpf und Leitwerk wurden in Italien gebaut, während die Franzosen für den Bau der Tragflächen, die Triebwerksgondeln, das Cockpit sowie die Endmontage verantwortlich zeichneten. Auch das Einfliegen der Flugzeuge fand in Toulouse statt, wo im August 1984 der Prototyp zu seinem Erstflug startete. Im Jahr darauf konnte das neue Regionalflugzeug zertifiziert und an seinen Erstkunden Air Littoral übergeben werden. Diese Basisversion, die unter der Bezeichnung ATR 42 Cargo auch als Quick-Change-Variante angeboten wurde und eine Reichweite von maximal 1.185 Kilometern hatte, erfuhr als Modell 42-320 eine erste Änderung, als die stärkeren PW121-Triebwerke, ebenfalls von Pratt & Whitney Canada, eingesetzt wurden. Das verschaffte dem Flugzeug bessere Leistungen unter sogenannten „Hot and High"-Bedingungen. Nach einer weiteren Verbesserung der Leistung durch den Einsatz von PW121A-Triebwerken

# ATR

entstand die 42-400 mit einer gesteigerten Reichweite von mehr als 1.700 Kilometern. 1990 wurde bereits das 200. Exemplar ausgeliefert, Anfang 1993 standen 250 der Turboprops weltweit im Einsatz. Mit dem Startschuss für die Serie -500 fand in jenem Jahr eine gründliche Überarbeitung des Flugzeugs statt. Die bisherigen Triebwerke PW121 wurden durch die der Baureihe PW127 abgelöst, außerdem erhielt der Turboprop anstelle des alten Vierblatt- nun einen Sechsblatt-Propeller von Hamilton Standard Ratier. Die Modifizierungen senkten nicht nur den Lärmpegel, sondern verbesserten abermals die Leistung des Flugzeugs. Zudem wurden im Sinne der Flottenkommunalität Cockpit und Avionik denen der größeren ATR 72-210A angeglichen, die Kabine neu gestaltet, wobei vor allem Wert auf lärmmindernde Maßnahmen gelegt wurde, die Reisegeschwindigkeit von den 500 Stundenkilometern der Version 42-320 auf 556 Stundenkilometer sowie die Reichweite um fast 200 Kilometer gesteigert. Zur Erhöhung des maximalen Abfluggewichts wurden Tragflächen und Flugzeugzelle verstärkt. Nachdem die ATR 42-500 1994 ihren Erstflug erlebt hatte, erfolgte im Juli 1995 die Zulassung, und das erste Exemplar konnte im darauf folgenden Oktober an Air Dolomiti ausgeliefert werden.

Am 2. Oktober 2007 gab ATR die Entwicklung der ATR 42-600 bekannt, die – ausgestattet mit neuer Avionik und stärkeren PW127M-Triebwerken – am 4. März 2010 ihren Erstflug absolvierte. Der Beginn der Auslieferungen ist für das Frühjahr 2012 geplant.

| ATR 42-500 | |
|---|---:|
| Erstflug[1] | 16. August 1984 |
| Länge | 22,67 m |
| Spannweite | 24,57 m |
| Höhe | 7,59 m |
| Kabinenbreite | 2,57 m |
| Passagiere | 46-50 |
| Max. Abfluggewicht | 18.600 kg |
| Treibstoffvorrat | 4.500 kg |
| Reichweite | 1.556 km |
| Reisegeschwindigkeit | 556 km/h |
| Antrieb | PW127E |
| Leistung | 2.160 PS |
| Bestellungen[2] | 426 |
| Wichtige Betreiber | Airlinair, Czech Airlines |
| 1) Erstflug der ATR 42  2) Alle ATR 42 | |

# ATR 72

*Eine ATR 72 in der farbenfrohe Bemalung der thailändischen Bangkok Airways.*

Nach dem Erfolg der ATR 42 erfolgte im Januar 1986 der Programmstart der ATR 72, die in ihrer Basisversion für 68 Passagiere ausgelegt war. Das neue Muster sollte die Lücke zwischen den traditionellen Regional-, also zu diesem Zeitpunkt ausschließlich Turbopropflugzeugen mit 50 Sitzen und den kleinsten Jets mit einer Kapazität von gut 100 Fluggästen füllen, zumal Marktstudien einen enormen Bedarf an Regionalflugzeugen dieser Größenordnung prophezeiten.

Nach dem Erstflug des ersten von drei Prototypen im Oktober 1988 erfolgte die französische und danach die US-amerikanische Zulassung im darauf folgenden Jahr. Auf den Tag genau ein Jahr nach dem Jungfernflug wurde die erste ATR 72-200 am 27. Oktober 1989 bei der finnischen Karair in Dienst gestellt.

Von ihrer kleineren Schwester ATR 42 unterschied sich die neue Version im Wesentlichen dadurch, dass sie eine um 4,5 Meter verlängerte Zelle sowie dem gestreckten Rumpf angepasste, überarbeitete Tragflügel aufwies. Die Triebwerksverkleidungen wurden erstmals zu 30 Prozent aus Verbundwerkstoffen gefertigt, ebenso wie die Flügelholme und der Flügelkasten. Wie die ATR 42 wurde auch die ATR 72, die zunächst mit PW124-Triebwerken von Pratt & Whitney Canada ausgestattet war, in einer Version -210 für den Einsatz in extremen klimatischen bzw. geographischen Verhältnissen angeboten, wobei sie auf das PW127-Triebwerk umgerüstet wurde. Die Reichweite wurde dabei zwar nicht verbessert, jedoch konnte die Reisegeschwindigkeit mit 511 Stundenkilometern leicht gesteigert werden.

Als nächste Variante folgte die ATR 72-500, die im Juli 1996 ihren Erstflug hatte und nach einem sechsmonatigen Flugtestprogramm im Januar 1997 zertifiziert wurde. Als direktes Derivat der 72-210 wurde sie einige Zeit unter dem Namen 72-210A vermarktet. Durch den neuen Sechsblatt-Rotor war sie äußerlich leicht von den älteren Varianten mit Vierblatt-Propeller zu unterscheiden. Auch die Kabine wurde überholt, wobei die Gepäckfächer um 40 Prozent vergrößert wurden. Unsichtbar blieben jedoch die Modifikationen an der Struktur, um den Geräuschpegel und die Vibrationen in der Kabine zu reduzieren. Spezielle Lärm absorbierende Materialien und Vibrationsdämpfer wurden außerdem in der Kabine verarbeitet. Die Leistungsdaten der 72-210A wurden soweit optimiert, dass der Turboprop schließlich voll beladen von einer weniger als 1.000 Meter langen Piste abheben konnte. Das Enteisungssystem funktioniert wie bei der ATR 42, indem die mit einer Gummischicht versehenen Flügelvorderkanten aufgepumpt werden können, um die Eisschichten abzusprengen.

Bereits 1995 hatte man eine Weiterentwicklung der ATR 72 geplant, nämlich eine gestreckte so genannte ATR 82, die 78 Passagieren Platz bieten und von Allison-Triebwerken AE2100 angetrieben werden sollte. Das Vorhaben wurde jedoch Anfang 1996 fallengelassen.

Statt dessen kündigte das Unternehmen Anfang Oktober 2007 an, die bestehenden Modelle mit einem neuen Glascockpit (mit fünf großen Flüssigkristall-Bildschirmen) sowie leistungsfähigeren PW127M-Triebwerken ausrüsten zu wollen – die 600er-Serie war geboren. Das erste Exemplar, die umgebaute erste ATR 72-500, die ihrerseits wiederum aus der allersten ATR 72 hervorgegangen war, startet am 24. Juli 2009 zum Jungfernflug. Die Zulassung durch die europäische Luftsicherheitsbehörde EASA erfolgte knapp zwei Jahre später am 31. Mai 2011.

Bei Drucklegung dieses Buches stand die Auslieferung an den Erstbetreiber Royal Air Maroc unmittelbar bevor.

| ATR 72-500 | |
|---|---|
| Erstflug[1] | 27. Oktober 1988 |
| Länge | 27,17 m |
| Spannweite | 27,05 m |
| Höhe | 7,65 m |
| Kabinenbreite | 2,57 m |
| Passagiere | 68-74 |
| Max. Abfluggewicht | 22.500 kg |
| Treibstoffvorrat | 5.000 kg |
| Reichweite | 1.650 km |
| Reisegeschwindigkeit | 511 km/h |
| Antrieb | PW127F |
| Leistung | 2 x 2.475 PS |
| Bestellungen[2] | 736 |
| Wichtige Betreiber | Air Dolomiti, EuroLOT, American Eagle, Binter Canarias |
| 1) Erstflug der ATR 72-200   2) Alle ATR 72 | |

# Boeing 717

*Cobham Aviation Services Australia betreibt mehrere Boeing 717 für die Fluggesellschaft Qantas.*

Einen der kürzesten Produktionszyklen aller Boeing-Flugzeuge hatte das Modell 717 vorzuweisen, das zwischen 1998 und 2006 in insgesamt nur 155 Exemplaren gebaut wurde. Der Prototyp startete am 2. September 1998 zu seinem Erstflug, doch die Wurzeln des Programms reichten bis zum Douglas-Entwurf DC-9 aus dem Jahr 1965 zurück.

Ursprünglich wurde die 717 im Oktober 1995 von McDonnell Douglas als neues Kurzstreckenflugzeug unter der Bezeichnung MD-95 vorgestellt. Die Entwickler kombinierten einen Rumpf, der in etwa dem der DC-9-30 entsprach, mit einem komplett neu gestalteten und an das der MD-11 angelehnten Cockpit inklusive sechs großer Flüssigkristallbildschirme sowie mit modernen BR715-Triebwerken von Rolls-Royce. Erster Kunde wurde mit 50 Festbestellungen und weiteren 50 Optionen die amerikanische Billigfluglinie Valujet, die später ihren Namen in AirTran änderte.

Nach der 1997 vorgenommenen Fusion von Boeing und McDonnell Douglas kündigten die neuen Herren im Haus nach und nach das Ende aller McDonnell-Douglas-Programme mit Ausnahme der MD-95 an, die Anfang 1998 in 717 umbenannt wurde. Diese Bezeichnung war in der Boeing-Produktreihe sozusagen „frei", denn das intern unter dieser Zahlenfolge und parallel zur 707 entwickelte militärische Transport- und Tankflugzeug wurde bei den US-Streitkräften offiziell als C-135 bzw. KC-135 geführt.

Die 717-200, so die offizielle Bezeichnung der ersten – und letztlich einzigen – Version, verfügte über eine

# Boeing

Reichweite von knapp 3.000 Kilometern und bot in einer Zwei-Klassen-Bestuhlung 106 Passagieren Platz. Es war jedoch vorgesehen, bei entsprechendem Bedarf größere (717-300) bzw. kleinere Varianten (717-100) zu entwickeln.

**Einzelstellung**

Anders als die etwa gleich große 737-600 sollte die 717 auf extremen Kurzstrecken eingesetzt werden, bei denen es zudem auf möglichst kurze Bodenstandzeiten ankam. Boeing schätzte den weltweiten Bedarf in dieser Kategorie auf mehr als 2.500 Flugzeuge, doch die Nachfrage blieb trotz der nachweislich hervorragenden Leistungs- und Verbrauchswerte weit hinter diesen Erwartungen zurück. Das dürfte zum einen daran gelegen haben, dass viele Fluggesellschaften sich scheuten, ein Flugzeug zu erwerben, das hinsichtlich der Triebwerkswahl und Cockpitgestaltung eine Einzelstellung einnahm. Ein großes Problem waren zudem die sogenannten „Scope Clauses", die es vielen US-Fluggesellschaften untersagten, Flugzeuge dieser Größe bei ihren kostengünstiger operierenden Regionalpartnern einzusetzen.

Unter wirtschaftlichen Gesichtspunkten war die 717 zweifellos eine Enttäuschung. Von der industriellen Seite des Programms profitierte der Hersteller jedoch in hohem Maße. Zwar hatte Boeing schon zuvor die Fertigung einzelner Komponenten an andere Unternehmen übertragen, doch McDonnell Douglas war bei der MD-95 noch einen Schritt weiter gegangen. In Long Beach fand im Prinzip nur noch die Endmontage statt. Die einzelnen Baugruppen entstanden fast durchweg bei Partnern in aller Welt. So wurden beispielsweise die Triebwerke im brandenburgischen Dahlewitz gefertigt, während die italienische Alenia für die Lieferung der Rumpfsegmente, Fischer Advanced Composites Components (FACC) aus Österreich für die Innenausstattung sowie die französische Labinal für die Verkabelung zuständig waren. Und die bei der 717 erstmals verwendete sogenannte „Moving Assembly Line", bei der das Flugzeug ähnlich wie bei der Fließbandfertigung im Automobilbau an den Arbeitern vorbeigezogen wird, erwies sich als so erfolgreich, dass Boeing sie auch für die Modelle 737, 757, 767, 777 und 787 übernahm.

| 717-200 | |
|---|---:|
| Erstflug | 2. September 1998 |
| Länge | 37,81 m |
| Spannweite | 28,45 m |
| Höhe | 8,92 m |
| Rumpfdurchmesser | 3,35 m |
| Passagiere | 106 |
| Max. Abfluggewicht | 49.845 kg |
| Treibstoffvorrat | 11.162 kg |
| Reichweite | 2.645 km |
| Reisegeschwindigkeit | Mach 0,77 |
| Antrieb | BR715 |
| Schub | 2 x 82 kN |
| Bestellungen | 155 |
| Wichtige Betreiber | AirTran, Midwest |

# Boeing 727

Mit dem Einsatz von 707 und DC-8 hatten die Fluggesellschaften sozusagen „Jet-Blut" geleckt und wünschten sich düsengetriebene Flugzeuge bald auch für kürzere Strecken. Allerdings tat sich Boeing zunächst schwer, diese Wünsche zu erfüllen. Dies lag einerseits an den finanziellen und personellen Belastungen durch das 707-Programm, das aufgrund etlicher Veränderungen und der Vielzahl in kürzester Zeit zu entwickelnder Varianten später als geplant die Gewinnschwelle erreichen würde, andererseits an der Befürchtung, dass der Markt aufgrund der vorhandenen Konkurrenz – Caravelle und Trident mit Düsentriebwerken beziehungsweise Lockheed Electra und Vickers Viscount mit Turboprop-Antrieb – nicht groß genug sein würde. Doch nachdem sich der Hersteller durchgerungen hatte, die 727 zu bauen, stellte sich schnell die Richtigkeit dieser Entscheidung heraus. Aufgrund seiner Leistungsdaten und seiner Vielseitigkeit hatte das neue Flugzeug einen Markt praktisch für sich allein und wurde in bis dato nicht gekannten Stückzahlen produziert.

Nach Aufträgen von Eastern und United Airlines für je 40 Exemplare wurde das Programm Ende 1960 offiziell gestartet. Die auf dem Rumpfquerschnitt der 707 basierende 727 verfügte über ein aufwendiges Klappensystem an den Tragflächenvorder- und -hinterkanten, das Einsätze auch von kurzen Pisten mit einer Länge von nur 1.500 Metern gestattete. Erstmals installierte Boeing bei einer ihrer Verkehrsflugzeuge eine Hilfsgasturbine (Auxiliary Power Unit – APU), so dass auch im Stand und bei abgeschalteten Triebwerken Strom zur Verfügung stand und die Klimaanlage betrieben werden konnte. Ende Oktober 1963 wurde die erste 727 an United Air Lines ausgeliefert, aber Eastern Airlines nahm im folgenden Februar als erste Fluggesellschaft den Liniendienst mit dem neuen Jet auf.

**Weitere Varianten**

Dem ursprünglichen Modell 727-100 (anfänglich nur 727 genannt) folgten sehr schnell Kombi- und Quick-Change-Versionen, die innerhalb weniger Stunden bzw. bei Letzterer innerhalb weniger Minuten von der Fracht- in die Passagierversion beziehungsweise umgekehrt umgerüstet werden konnten. Um das zu realisieren, wurden bei der 727QC Sitze und Bordküchen auf standardisierten Paletten installiert und durch die große Frachttür an der linken Vorderseite in das Flugzeug hinein respektive aus diesem heraus gerollt.

Bereits 1965 kündigte Boeing an, eine als 727-200 bezeichnete Version für bis zu 189 Passagiere bei einer Einklassen-Bestuhlung zu entwickeln, um der Nachfrage nach größeren Kapazitäten auf einigen Mittelstrecken gerecht zu werden. Bis auf den um etwa 6,10 Meter gestreckten Rumpf unterschied sich das neue Modell, dessen erstes Exemplar am 11. Dezember 1967 an Northeast übergeben wurde, praktisch nicht

# Boeing

*Vor allem lateinamerikanische Airlines wie AeroGal aus Ecuador setzen die 727-200 auch heute noch ein.*

vom Ausgangsentwurf. 1972 folgte die 727-200 adv (für advanced = fortgeschritten), die nicht nur eine größere Treibstoffkapazität und eine dementsprechend verbesserte Reichweite aufwies, sondern auch strukturelle Verstärkungen und noch leistungsfähigere Triebwerke. Nach ihrem Erstflug am 3. März 1972 nahm die 727-200 adv bereits im Juli desselben Jahres den Dienst bei der japanischen ANA auf.

Im September 1984 wurde die 1.832. und letzte 727 – ein Frachter für FedEx – ausgeliefert. Für den Passagiertransport hat der elegante Dreistrahler inzwischen – abgesehen von einigen hoch gelegenen Regionen in Südamerika – weitgehend ausgedient, obgleich er beispielsweise bei Delta Air Lines erst 2003 in den Ruhestand geschickt wurde. Allerdings stehen etliche ausgediente Passagierflugzeuge, die für die Frachtbeförderung umgerüstet wurden, nach wie vor im Einsatz.

| 727-200 ADV | |
|---|---:|
| Erstflug[1] | 9. Februar 1963 |
| Länge | 46,69 m |
| Spannweite | 32,91 m |
| Höhe | 10,36 m |
| Rumpfdurchmesser | 3,76 m |
| Passagiere | 134-189 |
| Max. Abfluggewicht | 95.100 kg |
| Treibstoffvorrat | 40.060 l |
| Reichweite | 4.020 km |
| Reisegeschwindigkeit | Mach 0,80 |
| Antrieb | JT8D |
| Schub | 3 x 77 kN |
| Bestellungen[2] | 1.832 |
| Wichtige Betreiber | FedEx, Lloyd Aereo Boliviano |
| 1) Erstflug der 727  2) Alle Versionen | |

# Boeing 737

*Die 737-200, hier ein Flugzeug der südafrikanischen Kulula, sind heute selten geworden.*

Mit rund 9.000 verkauften Exemplaren kann die Boeing 737 mit Fug und Recht als das erfolgreichste Zivilflugzeug nach dem Zweiten Weltkrieg, wenn nicht aller Zeiten bezeichnet werden. Der Start dieser erstaunlichen Karriere verlief allerdings alles andere als verheißungsvoll. Im Gegenteil: Das 737-Programm stieß anfänglich weder auf übergroßen Enthusiasmus bei Boeing noch auf reges Interesse der Airlines. Was nicht zuletzt daran lag, dass andere Hersteller wie Douglas mit der DC-9 und die British Aircraft Corporation mit der BAC 1-11 bereits über einen nicht unerheblichen Vorsprung verfügten.

Die ersten Entwürfe für ein Kurzstreckenflugzeug, das die Produktpalette nach unten abrunden und Airlines quasi als „Einstiegsmuster" für den späteren Wechsel auf größere Modelle dienen sollte, hatten nur wenig Ähnlichkeit mit der 737, wie sie seit mehr als vier Jahrzehnten auf Flughäfen in aller Welt zu Hause ist. So wie bei praktisch allen Kurzstreckenjets jener Zeit üblich, wiesen sie ein T-Leitwerk und am Heck installierte Triebwerke auf. Zudem sahen sie gerade einmal 50 bis 65 Sitzplätze vor. Doch das sollte sich bald ändern, ebenso wie die grundsätzliche Auslegung. Boeing war bestrebt, den 707- und 727-Rumpfquerschnitt beizubehalten; zum einen, weil man so Entwicklungskosten sparen und so viele bestehende Komponenten wie möglich übernehmen konnte, zum anderen, weil ein breiterer Rumpf bei gleicher Länge eine höhere Passagierkapazität ermöglichte. Bei einem dann gezwungenermaßen kurzen Flugzeug würden die Triebwerke jedoch in unmittelbarer Nähe der Flügelhinterkante und der dort vergleichsweise unruhigen Luftströmung positioniert sein, was unter Umständen Auswirkungen auf ihre Leistung haben konnte. Eine Installa-

# Boeing

tion in Gondeln unter und vor den Flügeln, wie es bei der 707 gehandhabt worden war, schied aufgrund der gewünschten kurzen Bodenstandzeiten und des dafür erforderlichen niedrigen Fahrwerks aus. Die Lösung bestand schließlich darin, die JT8D-Triebwerke direkt unter den Tragflächen zu befestigen. Ende 1964 stand der endgültige 737-Entwurf, bei dem auch das T-Leitwerk einer konventionellen Auslegung gewichen war, fest. Soweit möglich, bedienten sich die Entwickler bei vorangegangenen Boeing-Jets. Das betraf neben dem Rumpf vor allem die Kabine, wobei Letztere dank neu gestalteter Decken- und Wandverkleidungen sowie einer modifizierten Beleuchtung großzügiger wirkte. Auch das Cockpit der 737 wies große Ähnlichkeit mit dem der 727 auf, war aber grundsätzlich für eine nur zweiköpfige Crew ausgelegt.

### Erstkunde Lufthansa

Die erste Bestellung für den neuen Jet, der in der Version 737-100 zwischen 85 und 99 Passagieren Platz bot, kam Mitte Februar 1965 von der Deutschen Lufthansa. Der Jungfernflug fand am 9. April 1967 statt, und am 28. Dezember desselben Jahres wurde das erste Exemplar an Lufthansa übergeben. Es stellte sich jedoch schnell heraus, dass die Fluglinien die größere -200 für maximal 124 Fluggäste favorisierten, und so wurde die Produktion der 737-100 nach nur 30 Exemplaren wieder eingestellt. Allerdings war auch die 737-200 anfänglich alles andere als ein Verkaufsschlager, und das Programm stand mehr als einmal kurz vor dem Aus.

Erst mit der im Mai 1971 vorgestellten 737-200 advanced begann der eigentliche Erfolg der 737. Das neue Modell, das in einer Passagier- und in einer Convertible-Version (Passagier/Cargo) angeboten wurde, wartete bei identischen äußeren Abmessungen mit einigen aerodynamischen Verbesserungen, größerer Treibstoffkapazität sowie leistungsstärkeren Triebwerken des Typs Pratt & Whitney JT8D-15A auf. Ab Mitte 1984 wurden zudem Höhen-, Quer- und Seitenruder aus Kohlefaser-Verbundwerkstoffen hergestellt.

### Neue Triebwerke

Anfang der achtziger Jahre beschloss Boeing, mit der 737-300 eine nochmals um knapp drei Meter gestreckte Variante für bis zu 149 Fluggäste anzubieten,

| 737-600 | |
|---|---:|
| Erstflug | 22. Januar 1998 |
| Länge | 31,24 m |
| Spannweite | 34,32/35,79[1] m |
| Höhe | 12,55 m |
| Rumpfdurchmesser | 3,76 m |
| Passagiere | 110-132 |
| Max. Abfluggewicht | 66.000 kg |
| Treibstoffvorrat | 26.020 l |
| Reichweite | 5.648 km |
| Reisegeschwindigkeit | Mach 0,785 |
| Antrieb | CFM56-7 |
| Schub | 2 x 101 kN |
| Bestellungen | 69 |
| Wichtige Betreiber | SAS, WestJet |

1) Mit Winglets

# Boeing 737

*Dieses freundlich lächelnde Flugzeug ist eine 737-400 der thailändischen Billigfluggesellschaft Nok Air.*

deren erstes Exemplar am 24. Februar 1984 zum Jungfernflug startete. Augenfälligster Unterschied zu den beiden ersten Versionen war die stark modifizierte Triebwerksaufhängung. Die Antriebe – anstelle des JT8Ds kamen nun CFM56-3 von CFM International, einem Gemeinschaftsunternehmen von General Electric in den USA und Snecma in Frankreich, zum Einsatz – waren nicht mehr direkt unter den Tragflächen installiert, sondern wie bei anderen Flugzeugen auch in Gondeln untergebracht. Die geringe Bodenfreiheit aufgrund des vergleichsweise niedrigen Fahrwerks führte dazu, dass die Verkleidung der Triebwerkseinläufe an der Unterseite abgeflacht werden musste, was der zweiten 737-Generation, zu der außerdem noch die größere 737-400 (Jungfernflug am 19. Februar 1988) und die in der Kapazität der Version -200 vergleichbare -500 (Erstflug am 30. Juni 1989) gehörten, ihr charakteristisches Erscheinungsbild verlieh.

Die neuen Modelle erhielten ein modifiziertes Cockpit, bei dem Bildschirme einen Teil der herkömmlichen Rundinstrumente ersetzten, sowie geringfügig vergrößerte Höhenleitwerke und Tragflächen, wobei Letztere ebenso

| 737-700 | |
|---|---|
| Erstflug | 9. Februar 1997/15. Januar 2007 |
| Länge | 33,63 m |
| Spannweite | 34,32/35,79[1] m |
| Höhe | 12,55 m |
| Rumpfdurchmesser | 3,76 m |
| Passagiere | 126-149 |
| Max. Abfluggewicht | 70.080/77.565 kg |
| Treibstoffvorrat | 26.020/40.530 l |
| Reichweite | 6.230/10.200 km |
| Reisegeschwindigkeit | Mach 0,785 |
| Antrieb | CFM56-7 |
| Schub | 2 x 117 kN |
| Bestellungen[2] | 1.518 |
| Wichtige Betreiber | Continental, Southwest |
| 1) Mit Winglets  2) Alle Versionen | |

# Boeing

wie Fahrwerk und Bremsen verstärkt wurden, um das vergrößerte Abfluggewicht aufnehmen zu können.

### Die „Nächste Generation"

Zu Beginn der neunziger Jahre begann Boeing – auch unter dem Eindruck des Erfolgs des neuen Airbus A320 – über ein Nachfolgemuster nachzudenken. Weil potenzielle Kunden neben mehr Reichweite, höherer Reisegeschwindigkeit und niedrigeren Betriebskosten auch eine größtmögliche Nähe zu den bisherigen 737-Modellen verlangten, entschied sich der Hersteller schließlich gegen einen kompletten Neuentwurf und statt dessen für ein Konzept, dass im Wesentlichen nur einen neuen Flügel und neue Triebwerke vorsah. Im November 1993 gab Southwest Airlines mit einem Auftrag über 63 Flugzeuge der Serie 700 den Startschuss für das neue Programm, das von vorn herein eine Familie mit zunächst drei unterschiedlichen Modellen vorsah. Während die 737-700 und -600 von den Abmessungen und Kapazitäten her nahezu ihren Vorgängermodellen -300 und -500 entsprachen, wurde die 737-800 im Vergleich zur -400, deren Verkaufszahlen hinter Boeings Erwartungen zurückgeblieben waren, um gut drei Meter verlängert.

Gegenüber den Vorgängermodellen erhielten die 737 der „Next Generation" (737NG), wie sie zur Unterscheidung von den „klassischen" 737 häufig bezeichnet werden, um etwa 25 Prozent vergrößerte Tragflächen und wurden mit weiterentwickelten Triebwerken des Typs CFM56-7 ausgestattet. Um die Wartbarkeit zu vereinfachen, kamen statt der zuvor dreigeteilten nun zweiteilige Hochauftriebsklappen an der Tragflächenhinterkante zum Einsatz. Das Cockpit wurde mit sechs großen

*Southwest Airlines betreibt eine reine Boeing-737-Flotte, hier eine 737-500 in „Shamu"-Sonderbemalung.*

# Boeing 737

*Die Flotte der chinesischen Shenzhen Airlines besteht größtenteils aus Boeing 737 – so wie diese 737-700.*

Flüssigkristallbildschirmen ausgerüstet, die je nach Wunsch der Fluggesellschaften eine Instrumentendarstellung wie bei den vorangegangenen Modellen oder eine moderne Anzeige à la Boeing 777 ermöglichen.

Aufgrund von Produktionsengpässen und Schwierigkeiten bei der europäischen Zulassung – Boeing musste nach Einwendungen der JAA einen neuen Türmechanismus für die Notausgänge über den Tragflächen entwickeln – kam es zu Verzögerungen bei den Auslieferungen, so dass die erste 737-700 nicht vor Dezember 1997 an Southwest Airlines übergeben werden konnte.

### Platz für bis zu 215 Passagiere

Ein Alaska-Airlines-Auftrag vom 10. November 1997 bedeutete den Startschuss für die 737-900, die ebenso wie die -800 für bis zu 189 Passagiere ausgelegt war, diesen aber dank eines nochmals gestreckten Rumpfes mehr Platz bot. Eine noble Idee, die bei den in der Regel kühl rechnenden Airlines jedoch nur begrenzt Anklang fand, weshalb auf den Computern der Boeing-Ingenieure schon bald die 737-900X Gestalt annahm, die

| 737-800 | |
|---|---:|
| Erstflug | 31. Juli 1997 |
| Länge | 39,47 m |
| Spannweite | 34,32/35,79[1] m |
| Höhe | 12,55 m |
| Rumpfdurchmesser | 3,76 m |
| Passagiere | 162-189 |
| Max. Abfluggewicht | 79.010 kg |
| Treibstoffvorrat | 26.020 l |
| Reichweite | 5.665 km |
| Reisegeschwindigkeit | Mach 0,785 |
| Antrieb | CFM56-7 |
| Schub | 2 x 121 kN |
| Bestellungen[2] | 3.908 |
| Wichtige Betreiber | Air Berlin, American, Delta |
| 1) Mit Winglets | |

# Boeing

*Am 1. September 2006 absolvierte die erste Boeing 737-900ER ihren Jungfernflug.*

schließlich im Juli 2005 nach einem Großauftrag der indonesischen Billigfluggesellschaft Lion Air als 737-900ER ins Rennen geschickt wurde. Äußerlich unterschied sie sich von der 737-900 durch ein zusätzliches Notausgangspaar hinter den Tragflächen, im Inneren durch ein abgeflachtes hinteres Druckschott. Beide Maßnahmen zusammen erhöhten die maximale Sitzplatzkapazität um 26 auf 215, was den neuen Jet nicht nur zu einem vollwertigen neuen Mitglied der 737-Familie machte, sondern auch zu einem idealen Ersatz der nicht mehr gebauten 757-200.

Nachdem Airbus Ende 2010 die A320neo-Familie mit neuen, spritsparenden Triebwerken aufgelegt hatten, versuchten viele Fluggesellschaften, Boeing zum Bau eines von Grund auf neuen 737-Nachfolgers zu bewegen. Stattdessen entschied sich der US-Hersteller im Juli 2011, die 737 ebenfalls mit einem neuen Antrieb – dem Leap-X von CFM International – auszurüsten. Weitere Details waren bei Drucklegung dieses Buches noch nicht bekannt.

| 737-900/900ER | |
|---|---:|
| Erstflug | 3. August 2000/1. September 2006 |
| Länge | 42,11 m |
| Spannweite | 34,32/35,79[1] m |
| Höhe | 12,55 m |
| Rumpfdurchmesser | 3,76 m |
| Passagiere | 177-189/215 |
| Max. Abfluggewicht | 79.087/85.130 kg |
| Treibstoffvorrat | 26.022/29.660 l |
| Reichweite | 5.052/5.925 km |
| Reisegeschwindigkeit | Mach 0,785 |
| Antrieb | CFM56-7 |
| Schub | 2 x 121 kN |
| Bestellungen[2] | 367 |
| Wichtige Betreiber | Continental, Korean, Lion Air |
| 1) Mit Winglets | |

# Boeing 747

*Als erste Fluggesellschaft bestellte Lufthansa Ende 2006 die Passagierversion der 747-8.*

# Boeing

# Boeing 747

*Viele im Passagierdienst nicht mehr genutzte 747-200 wurden inzwischen zu Frachtern umgerüstet.*

Selbst nahezu 40 Jahre nach ihrem Erstflug und gut 1.400 gebauten Exemplaren hat die mächtige Boeing 747 nichts von ihrer Faszination verloren. Auch wenn er seinen Status als größtes Verkehrsflugzeug der Welt inzwischen an die A380 verloren hat, bleibt der trotz seiner Größe unbestreitbar elegante „Jumbo Jet" nach wie vor das Flaggschiff vieler Fluglinien und beweist mit der jüngsten Baureihe 747-8, dass er noch lange nicht zum alten Eisen gehört.

Mitte der sechziger Jahre lagen die Wachstumsraten im internationalen Luftverkehr zeitweise bei 15 Prozent jährlich, und es war abzusehen, dass die Kapazitäten der größten Passagierflugzeuge jener Zeit – Boeing 707 und Douglas DC-8 – schon bald nicht mehr ausreichen würden, um die Nachfrage auf einzelnen Routen zu decken. Douglas reagierte mit einer Streckung der DC-8 zur Super-60-Serie, doch den Boeing-Ingenieuren war dieser Weg aufgrund der starken Flügelpfeilung und des relativ niedrigen Fahrwerks der 707 versperrt.

Bereits im Frühjahr 1963 hatte das Unternehmen eine erste Arbeitsgruppe eingesetzt, die sich Gedanken über den Bau großer Flugzeuge zur Bewältigung des für die siebziger Jahre erwarteten Wachstums im Passagier- und Frachtaufkommen machen sollte. Richtig ernst wurde es jedoch erst im Sommer 1965. Letztlich waren es wieder einmal Pan Am und speziell ihr charismatischer Chef Juan Trippe, die den Anstoß zum Bau der 747 gaben. Pan Am war zu jener Zeit zweifellos die bedeutendste international und vor allem interkontinental fliegende Airline, und sie war immer wieder Schrittmacher bei der Entwicklung neuer Langstreckenflugzeuge gewesen. Nun war die Fluggesellschaft auf der Suche nach einem sehr, sehr großen Langstreckenjet. Von 400 und mehr Passagieren war die Rede, mehr als das Doppelte dessen, was die 707 zu befördern imstande war. Eine Pan-Am-Bestellung im April 1966 über 25 Exemplare des geplanten Großraumflugzeugs war der Auftakt für ein aus technischer wie finanzieller Sicht gewagtes Unterfangen, das Boeing an den Rand des Ruins brachte.

### Zweitverwendung als Frachter

Zunächst sollte die 747 – nicht zuletzt auf Drängen Pan Ams – einen Doppeldecker-Rumpf erhalten, doch das Entwicklungsteam um Joe Sutter war von dieser Lösung nicht sonderlich überzeugt. Einerseits würde ein solches Flugzeug relativ große Tragflächen bei einem sehr kurzen Rumpf aufweisen, was die Frage aufwarf, ob wirklich ausreichend Platz für die Notrutschen zur Verfügung stehen würde. Zum anderen herrschte damals weitgehend Einigkeit, dass ein wie auch immer geartetes großes Passagierflugzeug allenfalls eine Übergangslösung darstellte – die Zukunft würde den Überschalljets gehören. Für die 747 bliebe dann nur eine Verwendung als Langstrecken-Frachter. Es war daher dringend geboten, das neue Muster so auszulegen, dass es erstens auch einer solchen Aufgabe gerecht werden und zweitens vergleichsweise unkompliziert vom Passagier- zum Cargo-Transporter umgerüstet werden konnte. Unter diesem Gesichtspunkt war die Doppeldecker-Variante wegen der Schwierigkeiten, das Oberdeck zu be- und entladen, alles andere als ideal. So entstand schließlich ein Rumpf, der breit genug war, um auf dem Hauptdeck zwei der gebräuchlichen 8-Fuß-Container (mit einer Breite von 2,44 Metern) nebeneinander aufzunehmen und Paletten

| 747-400/400ER | |
|---|---:|
| Erstflug[1] | 29. April 1988/31. Juli 2002 |
| Länge | 70,66 m |
| Spannweite | 64,44 m |
| Höhe | 19,41 m |
| Rumpfdurchmesser | 6,50 m |
| Passagiere | 416-566/416-524 |
| Max. Abfluggewicht | 396.890/412.775 kg |
| Treibstoffvorrat | 216.840/ 241.140 l |
| Reichweite | 13.450/14.205 km |
| Reisegeschwindigkeit | Mach 0,85 |
| Antrieb | PW4000, CF6-80, RB211-524 |
| Schub | 4 x 265-281 kN |
| Bestellungen | 522[2]/6 |
| Wichtige Betreiber | Lufthansa, Qantas, Singapore Airlines |

[1] Erstflug der 747-100: 9. Februar 1969
[2] Inklusive -400M und -400D; alle 747-Versionen zusammen: 1.532

# Boeing 747

mit einer Höhe von bis zu 10 Fuß (3,05 Meter) zu befördern. Diese Entscheidung führte auch zum typischen Buckel der 747, denn die Entwickler waren der Auffassung, dass ein auf der linken Seite hinter den Flügeln installiertes Frachttor nicht ausreichen würde, um eine optimale Be- und Entladung des Hauptdecks zu garantieren. So sollte das Flugzeug zusätzlich eine Bugklappe erhalten, was die Verlegung des Cockpits „in die zweite Etage" erforderte. Eine weit nach hinten gezogene Verkleidung integrierte das Flugdeck in die Rumpfkontur und schuf einen zusätzlichen Raum hinter dem Cockpit, von

# Boeing

*Saudi Arabian Airlines ist einer der wenigen Betreiber von Boeing 747-300.*

Die Flügel der über 70 Meter langen und mehr als 300 Tonnen schweren 747 waren mit ihrer starken Pfeilung von 37,5 Grad auf hohe Reisegeschwindigkeiten ausgelegt; um dennoch die Landegeschwindigkeit auf dem Niveau der 707 zu halten, erhielt das Flugzeug ein ausgefeiltes Klappensystem mit Krügerklappen an der Tragflächenvorderkante und dreigeteilte Klappen an der Flügelhinterkante.

Weniger als drei Jahre nach Unterzeichnung der Absichtserklärung durch Pan Am verließ die erste 747 am 30. September 1968 die eigens zu diesem Zweck errichteten riesige Endmontagehalle in Everett, gut 60 Kilometer nördlich von Seattle, und nach einem einjährigen Zulassungsprogramm nahm Pan Am am 21. Januar 1970 auf einem Flug nach London den Linienverkehr mit dem neuen Muster auf.

## Anfangsprobleme

In der Anfangsphase litt der Jumbo, wie die 747 schon bald genannt wurde, unter der Unzuverlässigkeit der in aller Eile entwickelten JT9D-Triebwerke. Noch viel mehr machte Boeing jedoch der Umstand zu schaffen, dass die 747 zu einem Zeitpunkt auf den Markt kam, als aufgrund der Rezession zu Beginn der siebziger Jahre und der gerade vor der Tür stehenden Ölkrise die Zeiten des rasanten Wachstums im Luftverkehr vorüber waren.

dem aus eine (Wendel-)Treppe nach unten auf das Hauptdeck führte. Der Raum hinter dem erhöht angebrachten Cockpit war ursprünglich gar nicht für Fluggäste vorgesehen, doch Pan Am und andere Airlines nutzten ihn als Lounge und statteten ihn später auch mit normalen Passagiersitzen aus.

# Boeing 747

*Die 747-400 – hier ein Flugzeug von British Airways – ist die bislang erfolgreichste Jumbo-Version.*

Auf das Ausgangsmodell 747-100 folgten die Versionen -200B (mit einem erhöhten Abfluggewicht sowie Alternativtriebwerken von Rolls-Royce und General Electric) und -100B (Verstärkung von Struktur und Fahrwerk sowie leistungsfähigere Triebwerke). Die 747-200 war auch als Frachter, Kombi (für Passagier- und Frachttransport) sowie Convertible (umrüstbar von Cargo auf Passagiere) erhältlich.

Für extreme Langstrecken wurde ab 1975 die 747SP gebaut, die sich äußerlich durch einen um rund 14 Meter verkürzten Rumpf, ein höheres Seitenleitwerk und ein vereinfachtes Klappensystem von den übrigen 747-Versionen unterschied.

Ebenfalls für ganz spezielle Bedürfnisse entstand die 747SR (für Short Range = Kurzstrecke), die einzig im japanischen Inlandsverkehr mit seinem hohen Passagieraufkommen zum Einsatz kam und in einer sehr engen Bestuhlung bis zu 550 Fluggästen Platz bot.

Die nächste bedeutende Modifikation erlebte der Jumbo mit Vorstellung der 747-300, in dessen um sieben Meter verlängerten Oberdeck 44 zusätzliche Passagiere untergebracht werden konnten und die am 28. März 1983 von Swissair erstmals in Dienst gestellt wurde. Auch die -300 wurde als Kombi und in der Kurzstreckenversion SR angeboten.

# Boeing

1990 wurden alle bisherigen Baureihen zugunsten der ein Jahr zuvor erstmals ausgelieferten 747-400 eingestellt, die bei Übernahme des 300er-Rumpfes über verlängerte Tragflächen mit 1,8 Meter hohen Winglets zur Reduzierung des Treibstoffverbrauchs und zur Erhöhung der Reichweite auf über 13.000 Kilometer (bei Nutzung des optionalen Tanks im Höhenleitwerk) verfügte. Gewichtseinsparungen wurden durch die Verwendung von Kabinenböden aus Verbundwerkstoffen sowie durch den Einsatz von Kohlefaserbremsen erzielt. Außerdem wurde das Cockpit völlig überarbeitet und auf Zwei-Mann-Betrieb umgestellt. Sechs große Bildschirme lösten die unzähligen Rund- und Skaleninstrumente ab. Erster Kunde für die 747-400, die auch als Kombi, Convertible, Domestic (Kurzstreckenversion für JAL und ANA ohne Winglets) sowie als Frachter (ohne verlängertes Oberdeck) angeboten wurde, war Northwest Airlines.

## Zweites Leben

Nachdem Boeing ab Mitte der neunziger Jahre mehrfach erfolglos versucht hatte, neue 747-Versionen auf den Markt zu bringen, brachte letztlich das für die 787 entwickelte GEnx-Triebwerk von General Electric den Durchbruch. Mit dem neuen und erheblich verbrauchsgünstigeren Antrieb kehrte das Interesse am Jumbo Jet zurück, und im Herbst 2005 präsentierte Boeing mit Cargolux und Nippon Cargo Airlines die ersten beiden Kunden für die 747-8-Familie. Damit wurde ein Verkehrsflugzeugprogramm erstmals mit Bestellungen für die Frachtervariante gestartet. Wesentlicher Unterschied war neben den Triebwerken eine Verlängerung des Rumpfes um 5,6 Meter, was in der Passagierversion, von der Lufthansa als erste Fluggesellschaft Ende 2006 bis zu 40 Exemplare bestellte, die Installation von 467 Sitzen bei einer Drei-Klassen-Bestuhlung gestattete.

Diverse kleinere Probleme während der Entwicklungs- und Bauphase und nicht zuletzt die Schwierigkeiten beim „Dreamliner"-Programm, die eine Menge Ressourcen banden, führten dazu, dass der Jungfernflug der 747-8F nicht wie geplant 2008, sondern erst 2010 stattfand und die Termine für Zulassung sowie Erstauslieferung auf 2011 (Frachter) und 2012 (Passagierversion) verschoben werden mussten.

| 747-8 INTERCONTINENTAL | |
|---|---:|
| Erstflug[1] | 20. März 2011 |
| Länge | 76,40 m |
| Spannweite | 68,45 m |
| Höhe | 19,50 m |
| Rumpfdurchmesser | 6,50 m |
| Passagiere[2] | 467 |
| Max. Abfluggewicht | 439.985 kg |
| Treibstoffvorrat | 243.120 l |
| Reichweite | 14.815 km |
| Reisegeschwindigkeit | Mach 0,855 |
| Antrieb | GEnx-2B67 |
| Schub | 4 x 296 kN |
| Bestellungen | 36 |
| Wichtigste Kunden | Lufthansa, Korean |
| 1) 747-8F: 8.2.2010  2) Drei-Klassen-Bestuhlung | |

# Boeing 757

*Yakutia Airlines setzt unter anderem diese mit Winglets ausgerüstete Boeing 757-200 ein.*

Die Boeing 757 entstand Ende der siebziger Jahre als Ablösung der erfolgreichen 727, nachdem eine zunächst vorgesehene gestreckte 727-300B aufgrund allenfalls geringfügiger Verbesserungen bei den Betriebskosten nur auf wenig Interesse bei potenziellen Kunden stieß. Dennoch achtete Boeing bei den ersten 757-Entwürfen noch auf eine größtmögliche Nähe zum dreistrahligen Vorgängermuster, um die Entwicklungskosten im überschaubaren Rahmen zu halten. So wurden der Rumpfquerschnitt und zunächst auch das T-Leitwerk sowie die komplette Bugsektion übernommen. Eine vollständig neu entworfene Inneneinrichtung sollte den Passagieren das Gefühl einer geräumigeren Kabine vermitteln. Wichtigste Unterschiede waren jedoch neue, weniger stark gepfeilte Tragflächen, die Verwendung von nur noch zwei Triebwerken neuer Technologie sowie ein Zwei-Mann-Cockpit.

Mit Platz für 186 Fluggäste bei einer Drei-Klassen-Auslegung war die 757-200, für die im August 1978 erste Bestellungen durch British Airways und Eastern Airlines eingingen, etwa zwischen der 727-200 und der parallel entworfenen 767-200 angesiedelt. Eine zu diesem Zeitpunkt ebenfalls vorgesehene kleinere 757-100 mit etwa 160 Sitzplätzen wurde wegen der ungünstigen Betriebskosten pro Passagier nie realisiert.

Im Zuge der Entwicklung hatte das neue Flugzeug bereits viele der anfänglich von der 727 übernommenen Elemente verloren, und inzwischen schien es Boeing sinnvoller, auf möglichst zahlreiche Übereinstimmungen mit der nahezu zeitgleich auf den Markt kommenden 767 zu achten. Nachdem bei

Letztgenannter das lange Zeit vorgesehene T-Leitwerk durch eine konventionelle Lösung ersetzt worden war, entschloss man sich, auch bei der 757 diesen Weg zu gehen, zumal sich auf der Leistungsseite praktisch keine Unterschiede ergaben.

Während es vergleichsweise einfach war, beide Flugzeuge mit weitgehend identischen Klimaanlagen, Hilfsgasturbinen (APU) oder hydraulischen und elektrischen Systemen auszurüsten, stellte das Cockpit die Entwicklungsingenieure vor eine große Herausforderung. Der Arbeitsplatz der 767-Crew war in einer Bugsektion untergebracht, die ebenso wie das ganze Flugzeug eine komplette Neuentwicklung darstellte, während der 757-Entwurf noch beim offiziellen Programmstart im Frühjahr 1979 den Vorderrumpf der 727 aufwies. Und in dem ließ sich das für die größere der beiden Neuenwicklungen vorgesehene Flugdeck partout nicht unterbringen. Die Ingenieure nahmen sich daher Instrumentenbrett – in dem erstmals bei einem Boeing-Entwurf Bildschirme einen Teil der herkömmlichen Rundinstrumente ersetzten –, Mittelkonsole, Sitzanordnung und sogar die beiden Windschutzscheiben der 767 vor und konstruierten um sie herum eine neue Bugsektion derart, dass es für die Piloten keinen Unterschied machte, ob sie im Cockpit einer 757 oder einer 767 saßen. Selbst das Sichtfeld nach draußen war identisch, und es war vor allem diese Forderung, die dem Bug seine charakteristische und bei keinem anderen Boeing-Entwurf zu findende Form verlieh. Diese Gemeinsamkeiten machten es nun möglich, beide Flugzeuge mit nur einer Musterberechtigung zu fliegen. Piloten konnten ohne zusätzliche Trainingsstunden von der 757 zur 767 und umgekehrt wechseln.

Auch die Tragflächen der 757 ähnelten denen der 767. Sie unterschieden sich von den Flügeln vorangegangener Boeing-Modelle durch die bereits erwähnte geringere Pfeilung, eine größere Dickenrücklage, eine flachere Unterseite und einen geringeren Nasenradius.

Erstmals setzte Boeing bei der 757 in größerem Umfang moderne Materialien ein, darunter Kohlefaser-Verbundwerkstoffe an Rudern, Triebwerksverkleidungen, Fahrwerkstüren und an nichttragenden Bauteilen wie den Verkleidungen von Rumpf-Flügel-Über-

| 757-200 | |
|---|---:|
| Erstflug | 19. Februar 1982 |
| Länge | 47,32 m |
| Spannweite | 38,05 m |
| Höhe | 13,56 m |
| Rumpfdurchmesser | 3,76 m |
| Passagiere | 210-228 |
| Max. Abfluggewicht | 115.680 kg |
| Treibstoffvorrat | 43.490 l |
| Reichweite | 7.222 km |
| Reisegeschwindigkeit | Mach 0,80 |
| Antrieb | PW2000, RB211-535 |
| Schub | 2 x 163-194 kN |
| Bestellungen | 915 |
| Wichtige Betreiber | American, British Airways, Delta |

# Boeing 757

gängen sowie verbesserte Aluminium-Legierungen bei der Tragflächen-Beplankung.

Ein erklärtes Ziel der Entwickler war die drastische Reduzierung des Treibstoffverbrauchs. Dazu trugen neben den modernen Materialien auch die Triebwerke mit hohem Nebenstromverhältnis bei. Dank ihrer niedrigen Sitzplatzkosten, ihrer praktisch konkurrenzlosen Stellung und aufgrund ihrer Reichweite von fast 5.000 Kilometern entwickelte sich die 757 zu einem wahren Renner vor allem unter europäischen Ferienfluggesellschaften, die das Flugzeug selbst auf Langstreckenflügen in die Karibik einsetzen.

Während die 767 sehr früh in zwei Versionen angeboten wurde, ließ sich Boeing bei der 757 vergleichsweise viel Zeit, bis der erstmals am 22. Dezember 1982 an die heute nicht mehr existierende Eastern Airlines ausgelieferten 757-200 die größere Version 757-300 folgte. Es bedurfte des massiven Drängens unter anderem durch die deutsche Ferienfluggesellschaft Condor, ehe sich der amerikanische Hersteller im Herbst 1996 entschloss, die um 7,1 Meter längere Variante für bis zu 289 Passagiere zu offerieren.

Abgesehen von den durch das höhere Gewicht erforderlichen Verstärkungen an Struktur und Fahrwerk sowie einem Sporn, der das Aufsetzen des Hecks bei hohen Anstellwinkeln während des Starts verhindern sollte, blieben die Veränderungen gegenüber dem kleineren Schwestermodell auf das Nötigste beschränkt, beispielsweise ein Vakuum-Toilettensystem, eine geänderte Deckenverkleidung und -beleuchtung sowie neue Gepäckfächer.

Trotz einer um 20 Prozent größeren Sitzplatzkapazität, eine Vergrößerung des Frachtvolumens um nahezu die Hälfte und etwa zehn Prozent niedrige-

*Praktisch alle ab Werk als Frachter gelieferten 757-200 werden vom Expressdienst UPS betrieben.*

# Boeing

*Die deutsche Ferienfluggesellschaft Condor war Erstkunde der verlängerten 757-300.*

rer Sitzkilometerkosten verglichen mit der 757-200 konnte Boeing nur 55 Exemplare der 757-300 verkaufen. Die Befürchtung, ein derart langes Flugzeug mit nur einem Mittelgang würde höhere Bodenstandzeiten nach sich ziehen, mag dabei eine Rolle gespielt haben. Aber die Karriere der 757 neigte sich Anfang des 21. Jahrhunderts auch so erkennbar ihrem Ende entgegen. Konkurrenz machte ihr nicht nur der jüngere Airbus A321, sondern auch die hauseigene 737-900, die hinsichtlich Reichweite und Passagierkapazität fast mit der 757-200 gleichgezogen hatte und zudem dank niedrigerer Fertigungskosten erheblich billiger verkauft werden konnte. Im Oktober 2003 gab Boeing die Einstellung des Programms bekannt, und mit der Auslieferung des 1050. und letzten Exemplars endete am 28. April 2005 die 23-jährige Produktionszeit der 757.

| 757-300 | |
|---|---:|
| Erstflug | 2. August 1998 |
| Länge | 54,43 m |
| Spannweite | 38,05 m |
| Höhe | 13,56 m |
| Rumpfdurchmesser | 3,76 m |
| Passagiere | 243-289 |
| Max. Abfluggewicht | 123.600 kg |
| Treibstoffvorrat | 43.400 l |
| Reichweite | 6.287 km |
| Reisegeschwindigkeit | Mach 0,80 |
| Antrieb | PW2000, RB211-535 |
| Schub | 2 x 163-194 kN |
| Bestellungen | 55 |
| Wichtige Betreiber | ATA Airlines, Condor, Delta |

# Boeing 767

*In der Air-China-Flotte findet sich heute ausschließlich westliches Fluggerät, darunter die 767-200ER.*

Die 767 entstand – ebenso wie die 757 – aus der Erkenntnis heraus, dass die Airlines Mitte bis Ende der siebziger Jahre nach einem moderneren, leiseren und sparsameren Nachfolger einerseits für die 727 und andererseits für 707 und DC-8 verlangen würden. Doch während Boeing bei der 757 immerhin noch auf den Rumpf der 727 zurückgreifen konnte, gab es für die 767 keinerlei Vorbilder. Das Flugzeug sollte nur größer sein als die 707, aber kleiner als die anderen Großraumflugzeuge jener Zeit – 747, DC-10, L-1011, A300.

Eine erste Idee, wie die künftige 767 einmal aussehen könnte, hatte eine Studie geliefert, mit der Boeing auf die Forderung der Swissair nach einem Flugzeug für europäische Kurzstrecken mit hohem Passagieraufkommen reagiert hatte. Die kostengünstigste Lösung schien eine Weiterentwicklung der 727 mit einem Großraum-Rumpf zu sein. Zwar kamen die Amerikaner nicht zum Zug, und die Schweizer Fluggesellschaft kaufte stattdessen später den speziell auf ihre Anforderungen zugeschnittenen Airbus A310, doch der Querschnitt des Rumpfs, den Boeing zumindest auf

| 767-200/200ER | |
|---|---:|
| Erstflug | 26. September 1981/6. März 1984 |
| Länge | 48,51 m |
| Spannweite | 47,57 m |
| Höhe | 15,85 m |
| Rumpfdurchmesser | 5,03 m |
| Passagiere | 181-285 |
| Max. Abfluggewicht | 151.960/179.170 kg |
| Treibstoffvorrat | 63.217/91.380 l |
| Reichweite | 8.465/12.220 km |
| Reisegeschwindigkeit | Mach 0,80 |
| Antrieb | JT9D, PW4000, CF6-80, RB211-524 |
| Schub | 2 x 213-282 kN |
| Bestellungen | 128/121 |
| Wichtige Betreiber | American Airlines, ANA, United Airlines |

# Boeing

dem Papier mit einem 727-Cockpit verbunden hatte, kam dem der späteren 767 schon sehr nahe. Dennoch dauerte es eine ganze Weile, ehe der endgültige Rumpfdurchmesser feststand. Anfänglich war eigentlich nur klar, dass das Flugzeug über zwei Gänge verfügen sollte. Die Beförderung von Fracht spielte bei den Überlegungen keine große Rolle, was sich im Nachhinein insofern als nachteilig herausstellen sollte, als der Standard-Luftfrachtcontainer des Typs LD3, der im Unterflurbereich praktisch aller Großraumflugzeuge befördert werden konnte, für die 767 zu groß war, was ihre Verwendungsmöglichkeit als Frachter deutlich einschränkte. Letztendlich entschied man sich für einen Rumpfdurchmesser von 5,03 Metern, der Charterairlines die Installation von acht Sitzen in jeder Reihe gestattete, während in der Economy Class einer Linienfluggesellschaft jeweils sieben Passagiere nebeneinander sitzen würden.

### In letzter Minute

Noch viele weitere Fragen blieben lange ungeklärt, zumal sich die von hohen Treibstoffpreisen und einer Rezession geplagten US-Fluggesellschaften nicht entscheiden konnten, welches Flugzeug ihren zukünftigen Anforderungen am ehesten gerecht wurde. Zu Anfang favorisierte Boeing eine dreistrahlige Lösung, doch die drastisch gestiegenen Treibstoffkosten einerseits und die gesteigerte Zuverlässigkeit moderner Antriebe andererseits führten im Jahr 1976 zu der Entscheidung, das neue Muster mit nur zwei Triebwerken auszurüsten. Die Frage, ob die 767 ein konventionelles oder ein T-Leitwerk erhalten sollte, wurde dagegen erst buchstäblich in letzter Minute zugunsten der ersten Variante geklärt.

Ausschlaggebend für den großen Erfolg des neuen Flugzeugs war die Entscheidung, die 767 mit vergleichsweise großen Tragflächen auszustatten. Sie boten nicht nur Reserven für schwerere

*Mehr als 500 Boeing 767-300ER wurden bislang ausgeliefert, so auch dieses Exemplar von Hawaiian.*

# Boeing 767

und gestreckte Modelle, sondern waren auch bestens für Langstreckenflüge geeignet, was die 767 zu einem vielseitig einsetzbaren Flugzeug machte.

Die 767-200 – eine ursprünglich einmal vorgesehene Version -100 für etwa 180 Passagiere wurde nie verwirklicht –, von der United Airlines im Juli 1978 30 Exemplare bestellt hatte, sollte in einer Zwei-Klassen-Auslegung 224 Passagiere nonstop zwischen San Francisco und New York transportieren können. Mit der Einführung einer ER-Variante (Extended Range = vergrößerte Reichweite) konnten auch weiter auseinander liegende Ziele wie Tokio und Sydney verbunden werden, und die 767 wurde zunehmend auf Strecken eingesetzt, für die die bislang mangels Alternative verwendete Boeing 747 zu groß und damit zu unwirtschaftlich war. Dies geschah in noch größerem Umfang, als Boeing fünf Jahre nach dem 767-Programmstart die um 6,43 Meter verlängerte 767-300 vorstellte (der später die 767-300ER folgte) und die US-amerikanische Luftverkehrsbehörde FAA im Mai 1985 den Einsatz der zweimotorigen Flugzeuge auf Routen gestattete, bei denen sie bis zu 120 Minuten von einem Ausweichflughafen entfernt waren. Diese sogenannte ETOPS-Regelung („Extended-Range Twin-Engine Operations") wurde später sogar auf 180 Minuten ausgedehnt.

Schon Mitte der achtziger Jahre hatte Boeing auf Drängen verschiedener Fluglinien an weiteren 767-Versionen gearbeitet. Doch erst mit dem Erscheinen des Airbus A330-200, der mit seiner größeren Passagierkapazität und Reichweite in einem angestammten Feld der 767, nämlich dem Langstrecken-Charterverkehr, zu „wildern" begann, besann man sich in Seattle dieser alten Überlegungen und bot mit der 767-400ER eine im Vergleich zur -300 um fast sechseinhalb Meter gestreckte Variante an, die in einer Zwei-Klassen-Konfiguration 304 Fluggästen Platz bieten sollte.

Die größten Veränderungen gegenüber den bisherigen 767-Modellen betrafen die Tragflächen, die mittels zurückgepfeilter Flügelspitzen („Raked Wingtips") um gut zwei Meter auf jeder Seite verlängert wurden, sowie das Cockpit. Es ähnelte denen von 777 und dritter 737-Generation und war mit sechs großen Flüssigkristallbildschirmen ausgestattet, die so programmiert

| 767-300/300ER | |
|---|---|
| Erstflug | 30. Januar 1986/9. Dezember 1986 |
| Länge | 54,94 m |
| Spannweite | 47,57 m |
| Höhe | 15,85 m |
| Rumpfdurchmesser | 5,03 m |
| Passagiere | 218-350 |
| Max. Abfluggewicht | 159.210/186.880 kg |
| Treibstoffvorrat | 63.216/91.380 l |
| Reichweite | 7.340/11.305 km |
| Reisegeschwindigkeit | Mach 0,80 |
| Antrieb | JT9D, PW4000, CF6-80, RB211-524 |
| Schub | 2 x 213-282 kN |
| Bestellungen | 104/578 |
| Wichtige Betreiber | Delta Air Lines, British Airways, JAL, Qantas |

# Boeing

*Die 767-400ER konnte sich aufgrund ihrer zu geringen Reichweite nicht gegen die A330-200 durchsetzen.*

werden konnten, dass sie bei Bedarf die Instrumentenanordnung der 767-200/300 darstellten.

Gemessen an dem betriebenen Aufwand war der Ertrag gering. Letztlich wurden sogar weniger Flugzeuge produziert, als ursprünglich bestellt worden waren, was vor allem an der viel zu geringen Reichweite lag.

Eine geplante 767-400ERX mit der Reichweite der -300ER wurde nur von Kenya Airlines geordert. Nachdem die Fluggesellschaft den Auftrag in eine Bestellung für 777 umgewandelt hatte, wurde das Vorhaben komplett eingestellt.

Nach der Vorstellung der 787-Familie gingen zunächst nur noch wenige Bestellungen für die 767 ein. Allerdings führten die Probleme und Verzögerungen beim „Dreamliner" zu einigen kleineren Aufträgen für die 767-300ER, und mehrere Airliners orderten weitere 767-300F, so dass es Boeing möglich war, die zivile Fertigungslinie aufrecht zu erhalten, bis die ersten auf der 767 basierenden Tankflugzeuge für die US-Luftwaffe produziert wurden.

| 767-400ER | |
|---|---:|
| Erstflug | 9. Oktober 1999 |
| Länge | 61,37 m |
| Spannweite | 51,92 m |
| Höhe | 16,87 m |
| Rumpfdurchmesser | 5,03 m |
| Passagiere | 245-375 |
| Max. Abfluggewicht | 204.120 kg |
| Treibstoffvorrat | 90.770 l |
| Reichweite | 10.450 km |
| Reisegeschwindigkeit | Mach 0,80 |
| Antrieb | PW4000, CF6-80 |
| Schub | 2 x 283 kN |
| Bestellungen | 38 |
| Wichtigste Betreiber | Continental, Delta |

# Boeing 777

*China Southern setzt insgesamt zehn Boeing 777-200 (Foto) und -200ER ein.*

Mitte der achtziger Jahre neigten sich die Karrieren der dreistrahligen Langstreckenflugzeuge DC-10 und TriStar erkennbar dem Ende zu, und Airlines sowie Hersteller begannen sich Gedanken über Nachfolgemuster zu machen. McDonnell Douglas reagierte mit der Entwicklung der MD-11, bei Airbus wurde das Doppelprogramm A330/A340 aufgelegt. Boeing versuchte zunächst, die Fluggesellschaften für eine als 767-X oder 767-400 bezeichnete Weiterentwicklung der 767 zu begeistern, musste aber schließlich einsehen, dass die Kunden ein gänzlich neues Flugzeug wünschten.

Dieses wurde zwar zunächst ebenfalls als 767-X bezeichnet, doch die Gemeinsamkeiten beschränkten sich im Prinzip auf die Bugsektion und den Flügelkasten, also den feststehenden Teil der Tragflächen, in dem der Treibstoff untergebracht und an dem die beweglichen Flächen wie Ruder und Klappen befestigt sind. Auch die Pfeilung fiel mit 31,1 Grad nur unwesentlich geringer aus als bei der 767. Allerdings wurden die Flügel der 777, wie die endgültige Bezeichnung des neuen Musters lautete, auf eine Reisegeschwindigkeit von mindestens Mach 0,83 ausgelegt.

Boeing betrat mit der „Triple Seven", also der „Dreifachen Sieben", wie das Flugzeug aufgrund der Modellnummer genannt wurde, in vielen Bereichen Neuland. Einerseits, weil das Flugzeug

# Boeing

komplett am Computer-Bildschirm entwickelt wurde und erstmals sogenannte „Design Build Teams" zum Einsatz kamen, in denen Mitarbeiter nicht nur aus der Entwicklung, sondern auch aus den Bereichen Fertigung, Qualitätskontrolle und Kundenbetreuung sowie sogar Vertreter von Fluglinien zusammengefasst wurden. Andererseits, weil die 777 mehr technische Neuigkeiten aufwies als jedes andere Boeing-Flugzeug zuvor. Erstmals verzichtete der amerikanische Hersteller auf eine konventionelle Flugsteuerung und setzte statt dessen auf „Fly by Wire", also die Übermittlung der Steuereingaben zu den Ruderflächen nicht über Seilzüge und Stangen, sondern mittels elektrischer Signale. Einen Sidestick, wie er bei den Airbus-Fly-by-Wire-Modellen üblich ist, sucht man allerdings vergeblich. Vielmehr wurde ein konventionelles Steuerhorn eingebaut.

### „Working together"
Diese Entscheidung war nicht zuletzt auf den Einfluss der potenziellen Kunden zurückzuführen. Unter dem Stichwort „Working together" hatte Boeing Vertreter von All Nippon Airways (ANA), American Airlines, British Airways, Cathay Pacific, Delta Air Lines, Japan Airlines (JAL), Qantas und United Airlines eingeladen, sich im Rahmen von regelmäßigen Treffen an der Definition des neuen Flugzeugs zu beteiligen.

Die frühzeitige Einbindung der Airlines sollte sich bezahlt machen, nicht nur, weil sieben von ihnen schließlich die 777 bestellten. Die Beratergruppe war maßgeblich an einer Reihe grundlegender Entscheidungen beteiligt. Beispielsweise hätte Boeing gerne das bewährte und zu seiner Zeit hochmoderne Flugdeck der 767 so weit wie möglich beibehalten, doch die Fluggesellschaften votierten einstimmig für eine noch modernere Lösung. Auf einen Vorschlag hätte Boeing allerdings im Nachhinein gut verzichten können: American Airlines hegte die Befürchtung, dass die 777 ob ihrer Spannweite von fast 61 Metern (gegenüber knapp 48 Metern bei der 767 und gut 50 Metern bei der DC-10) zu groß für die vorhandenen Terminalstellplätze sein würde und regte daher die Entwicklung von klappbaren Außenflügeln an. Der Wunsch war Boeing Befehl, doch letztlich orderte keine Fluggesellschaft den Klappmechanismus.

| 777-200/200ER | |
|---|---|
| Erstflug | 12. Juni 1994/7. Oktober 1996 |
| Länge | 63,73 m |
| Spannweite | 60,93 m |
| Höhe | 18,52 m |
| Rumpfdurchmesser | 6,19 m |
| Passagiere | 305-440 |
| Max. Abfluggewicht | 247.210/297.560 kg |
| Treibstoffvorrat | 117.335/171.160 l |
| Reichweite | 9.649/14.316 km |
| Reisegeschwindigkeit | Mach 0,84 |
| Antrieb | PW4000, GE90, Trent 800 |
| Schub | 2 x 338-342/400-417 KN |
| Bestellungen | 88/429 |
| Wichtige Betreiber | American Airlines, British Airways, Singapore Airlines |

# Boeing 777

*Singapore Airlines betreibt eine der größten „Triple Seven"-Flotten – hier eine 777-300.*

Einer der Gründe für den Erfolg der Airbus-Großraumflugzeuge war der Rumpfdurchmesser, der breit genug war, um im Unterflurbereich zwei LD3-Frachtcontainer nebeneinander unterzubringen. Bei der 767 war das dagegen nicht möglich; ein Fehler, den Boeing bei der 777 keinesfalls zu wiederholen gedachte. Der gewählte kreisrunde Rumpfquerschnitt mit einer Kabinenbreite von 5,87 Metern bot im Frachtraum ausreichend Platz für LD3-Container und gestattete in der Economy Class eine Bestuhlung mit wahlweise neun oder sogar zehn Sitzen pro Reihe.

Während Airbus und McDonnell-Douglas für ihre neuen Langstreckenmodelle A340 und MD-11 auf eine vier- beziehungsweise dreistrahlige Auslegung setzten, hatte sich Boeing schon sehr früh für eine Lösung mit nur zwei Motoren entschieden. Pratt & Whitney und Rolls-Royce boten mit dem PW4000 respektive dem Trent 800 Weiterentwicklungen von A330-Antrieben an, während General Electric ein völlig neues Triebwerk in Angriff nahm. Mit einem Fandurchmesser von 3,12 Metern war das GE90 der größte – und leistungsstärkste – unter den 777-Antrieben.

## Mehr als 7.000 Testflugstunden

Nicht nur der geforderte Schub in einer bislang ungekannten Größenordnung stellte die Hersteller vor eine große Herausforderung. Die Fluggesellschaften hatten nämlich verlangt, dass die 777 bereits bei ihrer Indienststellung die ETOPS-180-Zulassung vorweisen musste, also notfalls bis zu drei Stunden mit nur einem Triebwerk unterwegs sein konnte. Damit sollte sichergestellt werden, dass die „Triple Seven" bei langen Flügen über Wasser dieselben direkten Routen wie MD-11 und A340 nutzen konnte. Dieser Wunsch stellte erheblich höhere Anforderungen an die Ausfallsicherheit der Antriebe, weshalb dem Jungfernflug am 12. Juni 1994 das umfassendste Erprobungs- und Zu-

# Boeing

*Mehr als 400 Boeing 777-200ER wurden bereits bestellt. Zu den Kunden gehört auch Vietnam Airlines.*

lassungsprogramm folgte, das es bis dahin in der Zivilluftfahrt gegeben hatte. Neun Flugzeuge – fünf mit Pratt & Whitney-Triebwerken und je zwei mit Antrieben von General Electric und Rolls-Royce – waren daran beteiligt, und sie verbrachten insgesamt mehr als 7.000 Stunden in der Luft.

Beim Programmstart im Oktober 1990 – nach einer Festbestellung für 34 Flugzeuge sowie weitere 34 Optionen durch United Airlines – waren zunächst zwei Versionen des neuen Musters vorgesehen: das sogenannte „A-Market Model" als DC-10-Ersatz auf inneramerikanischen Verbindungen und für Transatlantikflüge, das schließlich als 777-200 auf den Markt kam, sowie das „B-Market Model für längere interkontinentale Strecken, das anfänglich die Bezeichnung 777-200IGW (Increased Gross Weight = vergrößertes Abfluggewicht) erhielt und später dann als 777-200ER (Extended Range = größere Reichweite) vermarktet wurde. Für Ultralangstrecken von bis zu 18 Stunden Flugdauer verfolgte Boeing gleich zwei Ideen. Zum einen ein „C-Market Model", also eine 777-200 mit abermals vergrößerter Reichweite, die später als 777-200LR realisiert werden sollte, und eine verkürzte 777-100X, die aber aufgrund zu hoher Sitzkilometerkosten auf keine Gegenliebe bei den Airlines stieß.

| 777-300 | |
|---|---:|
| Erstflug | 16. Oktober 1997 |
| Länge | 73,86 m |
| Spannweite | 60,93 m |
| Höhe | 18,49 m |
| Rumpfdurchmesser | 6,19 m |
| Passagiere | 368-550 |
| Max. Abfluggewicht | 299.370 kg |
| Treibstoffvorrat | 171.160 l |
| Reichweite | 11.029 km |
| Reisegeschwindigkeit | Mach 0,84 |
| Antrieb | PW4000, GE90, Trent 800 |
| Schub | 2 x 400-436 KN |
| Bestellungen | 60 |
| Wichtige Betreiber | ANA, Cathay Pacific, Singapore Airlines |

# Boeing 777

| 777-200LR | |
|---|---|
| Erstflug | 8. März 2005 |
| Länge | 63,73 m |
| Spannweite | 64,80 m |
| Höhe | 18,82 m |
| Rumpfdurchmesser | 6,19 m |
| Passagiere | 301 |
| Max. Abfluggewicht | 347.450 kg |
| Treibstoffvorrat | 202.287 l |
| Reichweite | 17.446 km |
| Reisegeschwindigkeit | Mach 0,84 |
| Antrieb | GE90-110B1 |
| Schub | 2 x 489 kN |
| Bestellungen | 55 |
| Wichtige Kunden | Air Canada, Air India, Emirates, Pakistan International |

Dagegen kündigte Boeing nur einen Monat nach Auslieferung der ersten 777-200 an United (am 15. Mai 1995) die Entwicklung einer gestreckten Version unter der Bezeichnung 777-300 an. Das für bis zu 550 Passagiere ausgelegte Flugzeug übertraf mit einer Länge von 73,8 Metern sogar die riesige Boeing 747.

Mit den nunmehr drei Modellen war nach Boeings Überzeugung das Potenzial der „Triple Seven" noch längst nicht ausgereizt. Nicht zuletzt als Antwort auf die von Airbus geplanten neuen Ultralangstreckenflugzeuge A340-500 und -600 kündigte der US-Hersteller 1999 die Entwicklung zweier 777-Versionen mit noch größerer Reichweite („Longer Range") an.

Die 777-300ER würde die 747-400 auf jenen Strecken ablösen können, auf denen der Jumbo nur wegen seiner Reichweite eingesetzt wurde, die bereits erwähnte 777-200LR sollte Nonstop-Verbindungen zwischen weit auseinander liegenden Zielen bedienen und über mehr als 17.000 Kilometer

*Pakistan International (PIA) stellte als erste Fluggesellschaft den Ultralangstreckenjet 777-200LR in Dienst.*

# Boeing

*Basierend auf der 777-200LR entwickelte Boeing den Nurfrachter 777F.*

Reichweite verfügen. Äußerlich waren die beiden neuen Modelle leicht an den zurückgepfeilten Flügelspitzen („Raked Wingtips") zu erkennen, die Boeing erstmals bei der 767-400ER verwendet hatte. Als einzige Antriebsmöglichkeit wählte der Hersteller das GE90-115B von General Electric, mit 115.000 Pfund Schub (511 kN) und einem Fandurchmesser von 3,25 Metern das stärkste Triebwerk der Welt. Und ein überaus sparsames dazu, wie sich nach Indienststellung der 777-300ER durch Air France am 29. April 2004 herausstellte: Der Treibstoffverbrauch lag nämlich noch unter den garantierten Werten.

Die erste 777-200LR wiederum wurde am 25. Februar 2006 an Pakistan International Airlines ausgeliefert. Das Muster, von Boeing wirkungsvoll „Worldliner" tituliert, bedient eindeutig einen Nischenmarkt, wie die vergleichsweise niedrigen Bestellzahlen zeigen. Ab es bot eine gute Plattform für die Entwicklung eines Nurfrachters, der erstmals 2009 ausgelieferten 777F.

| 777-300ER | |
|---|---:|
| Erstflug | 24. Februar 2003 |
| Länge | 73,86 m |
| Spannweite | 64,80 m |
| Höhe | 18,72 m |
| Rumpfdurchmesser | 6,19 m |
| Passagiere | 365 |
| Max. Abfluggewicht | 351.534 kg |
| Treibstoffvorrat | 181.280 l |
| Reichweite | 14.594 km |
| Reisegeschwindigkeit | Mach 0,84 |
| Antrieb | GE90-115B |
| Schub | 2 x 512 kN |
| Bestellungen | 514 |
| Wichtige Betreiber | Air France, ANA, Singapore Airlines |

# Boeing 787

*Schon rein äußerlich unterscheidet sich die 787 durch ihre elegante Form von früheren Langstreckenjets.*

Trotz aller Probleme und Verzögerungen, die dazu führten, dass Zulassung und Indienststellung mehr als drei Jahre später als ursprünglich geplant erfolgten, gilt die 787 bereits jetzt als eines der erfolgreichsten Flugzeugprogramme überhaupt. Die große Zahl von Bestellungen (und die geringe Zahl von Abbestellungen nach den schier endlosen Verspätungen) spricht dafür, dass es Boeing gelungen ist, den von vielen Fluggesellschaften lange erwarteten modernen und effizienten Nachfolger für die in die Jahre kommenden Modelle 767, A300, A310 und mittelfristig wohl auch A330 zu entwickeln. Speziell die A330-200 hatte sich ausgangs des 20. Jahrhunderts zunehmend in jenem Marktsegment breit gemacht, das die 767 über nahezu zwei Jahrzehnte weitgehend für sich allein gehabt hatte, und zwang Boeing so zum Handeln.

Ende 2002 trat der US-Hersteller erstmals mit den Plänen für ein neues „super-effizientes" Flugzeug an die Öffentlichkeit, nachdem zuvor dem Versuch, den nahezu schallschnellen „Sonic Cruiser" auf den Markt zu bringen, nach anfänglich großem Interesse der Airlines letztlich kein Erfolg beschieden war.

Der neue Mittel- und Langstreckenjet, der als Boeing 7E7 vermarktet wurde, wobei das „E" wahlweise für „effizient", „environmentally friendly" (umweltfreundlich) oder für „e-enabled" (wegen des hohen Anteils elektrisch betriebener Systeme und des vorgesehenen Internet-Zugangs für Passagiere und Besatzung) stand, erhielt schließlich Anfang 2005 die endgültige Bezeichnung 787.

Der Beiname „Dreamliner", das Ergebnis einer Internetumfrage mit fast 500.000 Teilnehmern aus aller Welt,

# Boeing

verkörpert auf fast ideale Weise die Idee, die hinter dem Entwurf steckt: Die 787 soll wieder mehr Freude am Fliegen vermitteln, selbstverständlich ohne dabei die wirtschaftlichen Interessen der Fluggesellschaften aus den Augen zu verlieren. Für den „Spaßfaktor" werden unter anderem ein breiterer Rumpf, größere Passagierfenster sowie ein höherer Kabinendruck und eine höhere Luftfeuchtigkeit verantwortlich sein. Den Kaufleuten bei den Fluggesellschaften dürfte dagegen eher gefallen, dass der neue Jet rund 20 Prozent weniger Treibstoff verbrauchen soll als vergleichbar große derzeitige Flugzeuge. Entscheidenden Anteil an dieser Effizienzsteigerung haben die Triebwerke, die entweder von General Electric oder von Rolls-Royce stammen.

Die Anforderungen, die Boeing an die beiden Hersteller stellte, waren auch jenseits des niedrigen Verbrauchs nicht ohne: So müssen beide Antriebe an ein und derselben Aufhängung befestigt werden können, damit beispielsweise ein Leasingunternehmen ein Flugzeug vor der Weitergabe an die nächste Airline rasch auf das andere Triebwerk umrüsten kann. Und während in der Vergangenheit Kabinendruck- und Enteisungssystem sowie die Klimaanlage ihre Energie von einem pneumatischen System erhielten, das mit aus dem Hochdruckverdichter entnommener Zapfluft versorgt wurde, soll die 787 als „More Electric Airplane" vor allem über elektrisch betriebene Bordsysteme verfügen, die ihre Energie ausschließlich von einem am Triebwerk sitzenden Generator erhalten.

Zur gesteigerten Wirtschaftlichkeit tragen aber auch die gewählten Materialien bei. Die 787 wird zu großen Teilen – inklusive des kompletten Rumpfs und der Tragflächen – aus Kohlefaserverbundwerkstoffen bestehen. Traditionelle Luftfahrt-Metalle und -Metalllegierungen wie Titan, Stahl oder Aluminium finden sich nur an den Vorderkanten von Flügeln und Leitwerken sowie an den Triebwerkseinläufen und -aufhängungen. Verbundwerkstoffe sind nicht nur praktisch korrosions- und ermüdungsfrei, sondern verfügen auch über handfeste fertigungstechnische Vorzüge: Ganze Rumpfsektionen lassen sich quasi in einem Stück herstellen, was die Zahl der benötigten Einzelteile und Verbindungselemente drastisch reduziert – und das Gewicht

| 787-8 | |
|---|---:|
| Erstflug | 15. Dezember 2009 |
| Länge | 56,69 m |
| Spannweite | 60,05 m |
| Höhe | 17,07 m |
| Rumpfdurchmesser | 5,74 m |
| Passagiere | 210-250 |
| Max. Abfluggewicht | 215.919 kg |
| Reichweite | 14.800-15.700 km |
| Reisegeschwindigkeit | Mach 0,85 |
| Antrieb | GEnx, Trent 1000 |
| Schub | 2 x 285 kN |
| Bestellungen | 561 |
| Wichtige Kunden | Air India, ANA, Northwest Airlines |

# Boeing 787

um etwa 20 Prozent gegenüber einer konventionellen Bauweise verringert.

Beim Bau der 787 stützt sich Boeing übrigens mehr als bei allen vorangegangenen Programmen auf Partner und Zulieferer. Der Hersteller übernimmt im Wesentlichen die Aufgaben eines Systemintegrators, der in der Endmontage die aus aller Welt gelieferten Komponenten und Systeme zusammenfügt. Eine derartige Vorgehensweise, in der Automobilindustrie seit langem üblich, verteilt das finanzielle und technische Risiko auf mehrere Schultern, stellte aber gleichzeitig hohe Anforderungen an das Programm-Management, das einen einheitlichen Qualitätsstandard und eine zeitgerechte Lieferung der einzelnen Baugruppen sicher stellen muss. Und ganz offensichtlich hatte Boeing hierbei die eigenen Fähigkeiten und vor allem die einiger Partner unterschätzt, denn die mehr als dreijährige Verspätung war nicht zuletzt auf unvollständig gelieferte oder nicht ordnungsgemäß produzierte Baugruppen zurückzuführen.

Auch beim Cockpit ging Boeing neue Wege. Fünf etwa DIN-A4-große Bildschirme im Querformat dominieren das Instrumentenbrett. Dennoch unterscheiden sich die Art der Darstellung und die Bedienung der Systeme so geringfügig von der 777, dass nur fünf Umschulungstage für die Piloten erforderlich sein sollen, um von einem auf das andere Flugzeug zu wechseln.

### Zwei oder drei Versionen?

Anfänglich hatte Boeing vorgehabt, drei Dreamliner-Versionen zu offerieren: die 787-3 mit maximal 330 Sitzplätzen für aufkommensstarke Kurz- und Mittelstrecken sowie die Langstreckenvarianten 787-8 und 787-9 für bis zu 250 beziehungsweise 290 Passagiere. Die offensichtlichen Vorzüge der neuen Flugzeugfamilie brachten einige Airlines jedoch auf die Idee, eine noch größere 787-10 für etwa 300 Passagiere zu fordern. Die zusätzliche Kapazität wird voraussichtlich auf Kosten der Reichweite gehen, um das maximale Abfluggewicht auf dem Niveau der 787-

*Für den Transport von 787-Baugruppen kommen umgebaute 747-400-Passagierflugzeuge zum Einsatz.*

# Boeing

*Rund drei Jahre später als geplant stellte ANA im Spätsommer 2011 ihre erste 787-8 in Dienst.*

9 zu halten und so mit denselben Triebwerken auszukommen. Eine endgültige Entscheidung für den Bau war bei Drucklegung aber noch nicht gefallen. Dafür strich Boeing Ende 2010 die 787-3 offiziell aus der Angebotsliste, nachdem die japanischen Fluggesellschaften ihre Bestellungen für diese Variante in solche für die größeren Modelle umgewandelt hatten. Ein grundsätzlich für die Langstrecke entwickeltes Flugzeug auch auf kürzeren Verbindungen wirtschaftlich einzusetzen, ist nahezu unmöglich, wie beispielsweise auch Airbus bei der nicht realisierten A330-500 erfahren musste.

### Zweite Endlinie

Es hatte sich schon sehr früh gezeigt, dass die riesige Nachfrage – zum Zeitpunkt der Erstauslieferung lagen Boeing mehr als 800 Bestellungen vor – vom Werk in Everett allein nicht würde bewältigt werden können. Deswegen entschloss sich der Hersteller, in North Charleston im US-Bundesstaat South Carolina eine zweite Endmontagelinie zu errichten. Voraussichtlich Anfang 2012 soll dort die erste 787 fertig gestellt werden.

| 787-9 | |
|---|---:|
| Indienststellung | Ende 2013 |
| Länge | 62,79 m |
| Spannweite | 60,05 m |
| Höhe | 17,07 m |
| Rumpfdurchmesser | 5,74 m |
| Passagiere | 250-290 |
| Max. Abfluggewicht | 244.940 kg |
| Reichweite | 15.900-16.300 km |
| Reisegeschwindigkeit | Mach 0,85 |
| Antrieb | GEnx, Trent 1000 |
| Schub | 2 x 330 kN |
| Bestellungen | 266 |
| Wichtige Kunden | Air New Zealand, Qantas, Singapore Airlines |

# Bombardier CRJ

*Mit dem Canadair Regional Jet (CRJ), hier ein CRJ200, begann Anfang der Neunziger der Regionaljetboom.*

Man liegt sicher nicht verkehrt, wenn man den Canadair Regional Jet (CRJ) als ersten Regionaljet überhaupt bezeichnet. Zwar gab es schon lange zuvor die Fokker F28 „Fellowship", und auch die BAe 146 sowie die glücklose VFW 614 waren beim Erscheinen des CRJ schon eine Weile in der Luft. Aber mit Fug und Recht kann behauptet werden, dass erst der aus dem Canadair-Challenger-Businessjet hervorgegangene 50-Sitzer den bis dahin vorrangig den Turboprops vorbehaltenen Regionalmarkt für düsengetriebene Flugzeuge geöffnet und den nachfolgenden Boom möglich gemacht hat. Ganz nebenbei hat der CRJ auch noch dazu beigetragen, dass Hersteller wie Saab oder Jetstream die Segel streichen und die Produktion einstellen mussten.

Drei Jahre, nachdem der aufstrebende Mischkonzern Bombardier den Flugzeughersteller Canadair übernommen hatte, gab das Unternehmen im März 1989 den Startschuss für die Entwicklung eines 50-sitzigen Regionaljets, nachdem 56 Bestellungen und sechs

| CRJ200 | |
|---|---|
| Erstflug[1] | 10. Mai 1991 |
| Länge | 26,77 m |
| Spannweite | 21,21 m |
| Höhe | 6,22 m |
| Rumpfdurchmesser | 2,69 m |
| Passagiere[2] | 50 |
| Max. Abfluggewicht | 24.041 kg |
| Treibstoffvorrat | 6.489 kg |
| Reichweite | 3.148 km |
| Reisegeschwindigkeit | Mach 0,81 |
| Antrieb | CF34-3B1 |
| Schub | 2 x 38,83 kN |
| Bestellungen[3] | 1.021 |
| Wichtige Betreiber | Comair, Delta, Lufthansa |
| 1) Erstflug des CRJ100  2) 44 beim CRJ440 3) inkl. CRJ100 und CRJ440 | |

# Bombardier

Optionen unter anderem von der DLT, dem Vorläufer der Lufthansa CityLine, vorlagen.

## Platz für 50 Passagiere

Ausgangsmuster für den neuen Jet war, wie bereits erwähnt, das Geschäftsreiseflugzeug Challenger, dessen Rumpf um knapp sechs Meter gestreckt wurde. Neue, für den Einsatz im Linienverkehr optimierte Tragflächen wurden ebenso entwickelt wie ein neues Fahrwerk; zudem wurden der Treibstoffvorrat vergrößert und etwas leistungsfähigere Triebwerke vom Typ General Electric CF34-3A1 eingebaut. Der erste Canadair Regional Jet 100 (CRJ100) absolvierte seinen Erstflug am 10. Mai 1991, und nach der Zulassung durch Transport Canada im Juli 1992 übernahm Lufthansa CityLine im November desselben Jahres das erste Flugzeug.

Das Konzept des CRJs, der auch in den Versionen CRJ100ER („Extended Range") und CRJ100LR („Long Range") mit größeren Reichweiten angeboten wurde, erwies sich als voller Erfolg, wobei der Hersteller natürlich davon profitierte, dass Fluglinien gezwungen waren, auf bestimmten Strecken ebenfalls düsengetriebene Regionalflugzeuge einzusetzen, sobald ein Konkurrent den Anfang gemacht hatte.

Die Canadair Regional Jets der Serie 100 wurden ab 1995 durch die der weitgehend identischen Serie 200 mit leistungsfähigeren und effizienteren Triebwerken (CF34-3B1) abgelöst. Angeboten wurden neben dem Ausgangsmuster CRJ200 wiederum ER- und LR-Versionen mit entsprechend gesteigerten Reichweiten.

Normalerweise bot der CRJ200 Platz für 50 Passagiere, allerdings wurden insgesamt 86 Exemplare als CRJ440 mit geringerem maximalen Abfluggewicht für nur 40 bis 44 Fluggäste produziert. Einziger Betreiber war Northwest Airlines.

Angesichts der wirtschaftlichen Probleme, die viele vor allem US-amerikanische Fluggesellschaften ab 2001 plagten, ließ die Nachfrage nach kleineren Regionaljets rapide nach, weshalb ab 2006 – zumindest vorläufig – nur noch die Geschäftsreisevariante des CRJ200 unter der Bezeichnung Challenger 850 produziert wurde.

Es konnte nicht überraschen, dass mit dem Erfolg des Canadair Regional Jets auch die Forderung nach einer größeren Version aufkam, zumal bei den

| CRJ700 | |
|---|---|
| Erstflug | 27. Mai 1999 |
| Länge | 32,51 m |
| Spannweite | 23,24 m |
| Höhe | 7,57 m |
| Rumpfdurchmesser | 2,69 m |
| Passagiere | 78 |
| Max. Abfluggewicht | 34.926 kg |
| Treibstoffvorrat | 8.823 kg |
| Reichweite | 3.708 km |
| Reisegeschwindigkeit | Mach 0,825 |
| Antrieb | CF34-8C5 |
| Schub | 2 x 56,4 kN |
| Bestellungen | 324 |
| Wichtige Betreiber | Lufthansa, SkyWest |

# Bombardier CRJ

*Dieser CRJ700 kommt auf Regionalstrecken von United Airlines zum Einsatz.*

70-Sitzern nach dem Aus Fokkers nur noch die Turboprops ATR 72 und Q400 – Letzterer ebenfalls von Bombardier – sowie die vierstrahlige und daher nicht sonderlich wirtschaftliche Avro RJ70 von British Aerospace verfügbar waren. Das CRJ700-Programm wurde am 21. Januar 1997 offiziell gestartet, und im Januar 2001 konnte das erste Exemplar an die französische Brit Air ausgeliefert werden. Der maximal 78-sitzige CRJ700 erhielt einen gegenüber dem CRJ200 um 5,74 Meter verlängerten Rumpf, einen größeren Flügel mit über die gesamte Spannweite reichenden Vorflügeln sowie eine schubstärkere Variante der CF34-Triebwerke. Während das Cockpit praktisch unverändert blieb, konnten sich die Passagiere dank eines um etwa zweieinhalb Zentimeter abgesenkten Kabinenbodens und neu konstruierter und platzierter Spanten über etwas mehr Kopf- und Ellenbogenfreiheit sowie dank der repositionierten Fenster über eine bessere Sicht nach außen freuen. Zudem wurden die Gepäckfächer des CRJ700, der mittlerweile die offizielle Bezeichnung CRJ700 Series 701 trägt, im Vergleich zum CRJ200 vergrößert.

Nachdem Bombardier die Pläne für eine vorläufig BRJ-X genannte neue Familie von Hundertsitzern wieder zu den Akten gelegt hatte, stellte das Unternehmen während der Farnborough Air Show im Juli 2000 als alternative Lösung den CRJ900 für im Normalfall 86 Passagiere vor. Die Veränderungen gegenüber dem CRJ700 beschränkten sich im Prinzip auf eine Streckung des Rumpfes. Folgerichtig bediente man sich für den Erstflug am 21. Februar 2001 des um zwei Rumpfsegmente verlängerten CRJ700 mit der Seriennummer 10001. Knapp zwei Jahre später stellte Erstkunde Mesa Air den neuen Regionaljet, zu dessen Betreibern seit 2006 auch Lufthansa CityLine gehört, in Dienst.

Analog zum CRJ440 offerierte der kanadische Hersteller den CRJ700 Series 705, im Prinzip ein CRJ900 mit nur 75 Sitzplätzen.

### Bis zu 104 Sitze

Der CRJ900, der vielen Beobachtern zunächst bestenfalls als Notlösung gegolten hatte, um der Embraer 190 den Markt nicht zur Gänze zu überlassen, hat sich aufgrund steigender Kerosinpreise und der nach wie vor angespannten wirtschaftlichen Situation vieler Airlines zur momentan bestverkauften Version gemausert.

Als direkte Konkurrenz zur Embraer 190 wurde dann Mitte Februar 2007 der CRJ1000 vorgestellt, der in einem um rund drei Meter verlängerten Rumpf Platz für maximal 104 Fluggäste bot. Ansonsten beschränkten sich die Veränderungen gegenüber dem CRJ900 im Wesentlichen auf größere Passagierfenster und eine überarbeitete Kabinengestaltung. Zudem wurden die Tragflächen wegen des höheren maximalen Abfluggewichts vergrößert.

Nach monatelangen Verzögerungen aufgrund von Software-Problemen wurden am 14. Dezember 2010 schließlich die ersten Exemplare ausgeliefert. ■

| CRJ900 | |
|---|---|
| Erstflug | 21. Februar 2001 |
| Länge | 36,40 m |
| Spannweite | 24,85 m |
| Höhe | 7,51 m |
| Rumpfdurchmesser | 2,69 m |
| Passagiere | 90 |
| Max. Abfluggewicht | 38.329 kg |
| Treibstoffvorrat | 8.823 kg |
| Reichweite | 3.385 km |
| Reisegeschwindigkeit | Mach 0,83 |
| Antrieb | CF34-8C5 |
| Schub | 2 x 58,4 kN |
| Bestellungen[1] | 281 |
| Wichtige Betreiber | Mesa, Northwest |

1) inklusive CRJ700 Series 705

| CRJ1000 | |
|---|---|
| Erstflug | 3. September 2008 |
| Länge | 39,13 m |
| Spannweite | 26,18 m |
| Höhe | 7,13 m |
| Rumpfdurchmesser | 2,69 m |
| Passagiere | 104 |
| Max. Abfluggewicht | 41.640 kg |
| Treibstoffvorrat | 8.823 kg |
| Reichweite | 3.131 km |
| Reisegeschwindigkeit | Mach 0,82 |
| Antrieb | CF34-8C5A1 |
| Schub | 2 x 60,63 kN |
| Bestellungen | 49 |
| Wichtigste Kunden | Brit Air, Air Nostrum |

# Bombardier CSeries

*Die von Lufthansa bestellten 30 CS100 sollen von Swiss betrieben werden.*

Seit Jahrzehnten wird der Verkehrsflugzeugmarkt von ganz wenigen Herstellern dominiert. Wer ein Passagierflugzeug mit 100 und mehr Sitzplätzen bestellen wollte, hatte zumindest im westlichen Teil der Welt in den vergangenen 20 Jahren die Wahl zwischen genau zwei Anbietern – Airbus und Boeing. Doch diese für die beiden Platzhirsche äußerst angenehme Situation wird sich recht bald ändern.

Schon Embraer hat mit den Modellen 190 und 195 gezeigt, dass man sich nicht scheut, an der Dominanz der etablierte Hersteller zumindest ein wenig zu kratzen. Bombardier aber zielt nun mit der CSeries ganz konkret auf einen Markt, den Airbus und Boeing bislang als ihre Domäne betrachten. Vordergründig möchten die Kanadier mit ihrer neuen Flugzeugfamilie, die in zwei Basisversionen mit 110 beziehungsweise 130 Sitzen angeboten wird, in die Jahre gekommene Muster wie BAe 146/Avro RJ, Fokker 100 oder DC-9 ablösen. Doch genau dafür haben die beiden Großen der Branche eigentlich die Muster A318/A319 und 737-600/700 im Programm. Die allerdings sind als geschrumpfte Version der jeweils etwa 150-sitzigen Ausgangsmodelle A320 und 737-800

| CS100 | |
|---|---:|
| Erstflug | 2012 |
| Länge | 34,90 m |
| Spannweite | 35,10 m |
| Höhe | 11,50 m |
| Rumpfdurchmesser | 3,70 m |
| Passagiere | 100-125 |
| Max. Abfluggewicht | 58.151 kg |
| Reichweite | 5.463 km |
| Max. Reisegeschwindigkeit | Mach 0,82 |
| Antrieb | PW1500G |
| Schub | 2 x 84,1-103,6 kN |
| Bestellungen | 61 |
| Wichtige Kunden | Lufthansa, Braathens |

# Bombardier

für den angepeilten Markt etwas schwer und damit nicht wirklich wirtschaftlich zu betreiben. Wer mit einem Flugzeug für etwa 100 bis 150 Passagiere reüssieren will, so die Bombardier-Überzeugung, muss den Rumpfquerschnitt derart wählen, dass nicht etwa vier (wie bei Embraers E-Jets) oder sechs (A318, 737-600) Sitze pro Reihe untergebracht werden können, sondern fünf – so wie es auch bei DC-9 und Fokker 100 der Fall ist.

Bereits 2004 hatte der kanadische Hersteller einen ersten Anlauf unternommen, die CSeries mit den Modellen C110 und C130 auf den Markt zu bringen, dieses Unterfangen aber Ende Januar 2006 mangels Kundeninteresse wieder auf Eis gelegt und statt dessen mit dem CRJ1000 einen „Fast-Hundertsitzer" mit vier Sitzen pro Reihe entwickelt. Genau ein Jahr später kündigte man an, das Vorhaben CSeries doch weiter zu verfolgen. Im November 2007 wurde der neue „Geared Turbofan" (GTF), das heutige PW1000G, von Pratt & Whitney als alleiniger Antrieb ausgewählt, und am 13. Juli 2008, zum offiziellen Programmstart, bekundete die Lufthansa ihre Bereitschaft, bis zu 60 Exemplare (30 Bestellungen, 30 Optionen) der neuen Flugzeugfamilie kaufen zu wollen.

Am 11. März 2009 wurde diese Absichtserklärung in eine Festbestellung für 30 Flugzeuge umgewandelt, und Bombardier gab bekannt, dass die beiden Basismodelle der neuen Familie künftig die Bezeichnungen CS100 und CS300 tragen würden. Die CS100 sollte erstmalig 2013, ihre größere Schwester rund ein Jahr später ausgeliefert werden. Dank der modernen Triebwerke und des großflächigen Einsatzes moderner Materialien soll die CSeries rund 15 Prozent niedrigere Betriebskosten aufweisen und 20 Prozent weniger Treibstoff verbrauchen als heutige Flugzeuge derselben Größe.

So wie bei vielen vorangegangenen Regional- und Businessjetprogrammen vertraut Bombardier auch bei der CSeries auf Partner aus aller Welt. Die chinesische Shenyang Aircraft wird das Rumpfmittelteil liefern, Alenia das Höhen- und Seitenleitwerk, C&D Zodiac aus Frankreich die Innenausstattung. Bug- und Hecksektionen werden dagegen bei Bombardier in Saint-Laurent (bei Montreal) produziert, die Tragflächen im Werk im nordirischen Belfast, und die Endmontage findet in Mirabel (ebenfalls bei Montreal) statt. ■

| CS300 | |
|---|---:|
| Erstflug | 2013 |
| Länge | 38,00 m |
| Spannweite | 35,10 m |
| Höhe | 11,50 m |
| Rumpfdurchmesser | 3,70 m |
| Passagiere | 120-1455 |
| Max. Abfluggewicht | 63.322 kg |
| Reichweite | 5.463 km |
| Max. Reisegeschwindigkeit | Mach 0,82 |
| Antrieb | PW1500G |
| Schub | 2 x 93,4-103,6 kN |
| Bestellungen | 72 |
| Wichtige Kunden | Korean Air, Republic |

# Bombardier (de Havilland Canada) Dash 8

*Eine Dash 8-200 der Abu Dhabi Aviation aus dem gleichnamigen Emirat am Persischen Golf.*

Seit Mitte der achtziger Jahre bewährt sich die Dash 8 im hart umkämpften Regionalluftverkehrsmarkt auf dem ganzen Erdball, auf dem sie sich nicht zuletzt dank ihrer hervorragenden Eigenschaften und der klugen Familienpolitik ihres Herstellers gegen die europäischen Konkurrenzmuster aus den Häusern ATR und Dornier behaupten konnte. Und zwar so erfolgreich, dass das Programm einen zweimaligen Besitzwechsel seines Herstellers innerhalb weniger Jahre unbeschadet überstand. Denn ebenso schnell wie de Havilland Canada im Jahr 1988 aus strategischen Gründen von Boeing übernommen worden war, wurde das Unternehmen vier Jahre später wieder an Bombardier verkauft.

In den sechziger und siebziger Jahren hatte de Havilland Canada (DHC) eine Reihe von Flugzeugmustern mit hervorragenden Kurzstart- und -landeeigenschaften entwickelt, darunter als bis dato größtes die viermotorige Dash 7, die jedoch weniger gut als erhofft angenommen worden war.

1980 schließlich startete DHC mit der Dash 8-100 für 37 bis 40 Passagiere ein neues Flugzeugprogramm. In ihrer Grundkonfiguration als Hochdecker mit T-Leitwerk war die Dash 8 der vorangegangenen Dash 7 sehr ähnlich, doch die vier PT6-Triebwerke des älteren Musters waren zwei stärkeren PW120-Turboprops mit 2.000 PS, ebenfalls von Pratt & Whitney Canada, gewichen. Das senkte die Betriebs- und Wartungskosten ganz erheblich, unter anderem ein Umstand, der das Flugzeug so erfolgreich machen sollte. Charakteristisch waren zudem das hoch aufragende Heck, wodurch verhindert werden sollte, dass das Leitwerk beim

Start von den Triebwerken angeblasen wurde, sowie die langen Triebwerksgondeln, die das nach hinten einfahrende Hauptfahrwerk aufnahmen. Nach der Zulassung durch Transport Canada flog das Muster ab Dezember 1984 für den Erstkunden NorOntario.

### Gestreckter Rumpf

Vier Jahre später erfolgte die Übernahme durch den US-Giganten Boeing, der die schon vorher geplante Entwicklung eines 50- bis 56-Sitzers mit der Bezeichnung Dash 8-300 aufnahm.

Der Platz in der Kabine für die zusätzlichen Fluggäste wurde gewonnen, indem man den Rumpf um insgesamt 3,43 Meter vor und hinter den Tragflächen verlängerte. Zudem wurde die Spannweite der Tragflächen um 1,52 Meter vergrößert; weitere Modifizierungen bestanden in der Schaffung größerer Küchen und Toilettenräume, zusätzlichen Stauraums, einer neuen Servicetür sowie optional einer APU (Auxiliary Power Unit, Hilfsgasturbine). Wie die Dash 8-100 verfügte auch die -300 über gute Kurzstart- und -landeleistungen, die sie selbst auf unbefestigten Pisten nicht im Stich ließen. Erste Auslieferungen dieser Version erfolgten ab dem 27. Februar 1987 an Time Air.

Von der Dash 8-300 gab es ab 1990 verschiedene Varianten wie die 300A mit höherem Gesamtgewicht sowie die 300B und 300E mit stärkeren Triebwerken, die vor allem bei letztgenannter Variante die Leistungen unter „Hot and High"-Bedingungen verbesserten.

Ab März 1992 wurde als zusätzliche Version das Modell Dash 8-200 angeboten, dessen Abmessungen und Kapazität denen der -100 entsprachen, das aber aufgrund der stärkeren PW123-Triebwerke eine Reisegeschwindigkeit von 537 km/h erreichte und über bessere Leistungen beim Flug mit nur einem Motor verfügte.

Schon 1988 hatte es Überlegungen zur Entwicklung einer 70-sitzigen Dash 8-400 gegeben, doch es dauerte noch bis zum Juni 1995, ehe das Unternehmen, seit 1992 Teil von Bombardier, den Programmstart verkünden konnte. Die gegenüber der Dash 8-300 nochmals um 7,15 Meter verlängerte Variante wurde von neu entwickelten PW150-Triebwerken über inen ebenfalls neue Sechsblatt-Propeller aus Verbundwerkstoff angetrieben. Zudem wurden die Triebwerke weiter nach außen verla-

| (DASH 8) Q200 | |
|---|---:|
| Erstflug[1] | 20. Juni 1983 |
| Länge | 22,30 m |
| Spannweite | 25,90 m |
| Höhe | 7,49 m |
| Rumpfdurchmesser | 2,69 m |
| Passagiere | 39 |
| Max. Abfluggewicht | 16.466 kg |
| Treibstoffvorrat | 3.160 l |
| Reichweite | 1.713 km |
| Reisegeschwindigkeit | 537 km/h |
| Antrieb | PW123C/D |
| Leistung | 2 x 2.150 PS |
| Bestellungen[2] | 404 |
| Wichtigste Betreiber | Air Canada, Horizon |
| 1) Erstflug der Dash 8-100   2) Q100 und Q200 | |

# Bombardier (de Havilland Canada) Dash 8

*Eine Q300 in den Farben von Austrian Arrows, die dieses Muster heute nicht mehr einsetzt.*

gert, was zusammen mit der relativ langsamen Rotation der Propeller den Geräuschpegel in der Kabine erheblich senkte. Seit dem zweiten Quartal 1996 machte im Übrigen ein aktives Lärm- und Vibrationsunterdrückungs-System (NVS) serienmäßig aus allen Dash-8-Varianten die Dash 8Q (Q für Quiet). Die neuen Triebwerke der Dash 8-400 beziehungsweise Q400, wie das Flugzeug folgerichtig heißt, lieferten so viel Leistung, dass der Turboprop von der Geschwindigkeit her auf Strecken bis zu 800 Kilometern Länge erstmals mit einem Düsenverkehrsflugzeug konkurrieren konnte, dafür aber deutlich geringere Betriebskosten aufwies. Bereits bei einer Auslastung von 30 Prozent sollte die Q400 kostendeckend fliegen, weshalb sie gut geeignet war für Strecken mit variablem Aufkommen und zunehmend für die so genannten Billigfluggesellschaften interessant wurde.

Das Cockpit wurde ebenfalls überarbeitet und mit Flachbildschirmen, moderner Avionik von Thales sowie optional mit einem Head-up-Guidance-System ausgerüstet, das den Gleitweg sowie den voraussichtlichen Aufsetzpunkt anzeigte und Schlechtwetterlan-

| (DASH 8) Q300 | |
|---|---:|
| Erstflug | 15. Mai 1987 |
| Länge | 25,70 m |
| Spannweite | 27,40 m |
| Höhe | 7,49 m |
| Rumpfdurchmesser | 2,69 m |
| Passagiere | 50-56 |
| Max. Abfluggewicht | 19.505 kg |
| Treibstoffvorrat | 3.160 l |
| Reichweite | 1.558 km |
| Reisegeschwindigkeit | 528 km/h |
| Antrieb | PW123B |
| Leistung | 2 x 2.500 PS |
| Bestellungen | 267 |
| Wichtigste Betreiber | Air New Zealand, Air Nostrum, Austrian Arrowas |

# Bombardier

*Die Q400 – hier ein Flugzeug der Air Berlin – ist das bislang größte Modell der Dash-8-Baureihe.*

dungen nach CAT III mit nur einem Triebwerk ermöglichte.

Ihren Jungfernflug absolvierte die Q400 am 31. Januar 1998, im Dezember des darauf folgenden Jahres wurde sie an den Erstkunden SAS Commuter ausgeliefert, der sein neues Flugzeug ab Februar 2000 in Dienst stellte.

Bis zum Sommer 2011 waren 1028 Dash 8 aller Versionen ausgeliefert, darunter 357 Q400, die damit zum erfolgreichsten Modell der Familie avancierte.

Bereits im Jahr 2006 hatte Bombardier ein weiteres Derivat der Dash-8-Familie unter dem Arbeitstitel Q400X in Angriff genommen. Dabei handelte es sich um eine gestreckte Version der Q400 für bis zu 90 Fluggäste, womit Bombardier in ein Segment vorgestoßen wäre, das seit geraumer Zeit von Regionaljets – in Gestalt der Canadair Jets auch aus dem eigenen Haus – mit Beschlag belegt worden war. Zwar wurde das Vorhaben bislang nicht in die Tat umgesetzt, doch aufgrund der anhaltend hohen und weiter steigenden Kerosinpreise könnte es durchaus auch im Segment der 100-Sitzer Bedarf an einem verbrauchsgünstigen Turboprop-Flugzeug geben. ■

| Q400 | |
|---|---|
| Erstflug | 31. Januar 1998 |
| Länge | 32,84 m |
| Spannweite | 28,42 m |
| Höhe | 8,34 m |
| Rumpfdurchmesser | 2,69 m |
| Passagiere | 68-78 |
| Max. Abfluggewicht | 29.257 kg |
| Treibstoffvorrat | 6.526 l |
| Reichweite | 2.522 km |
| Reisegeschwindigkeit | 667 km/h |
| Antrieb | PW150A |
| Leistung | 2 x 4.580 PS |
| Bestellungen | 408 |
| Wichtigste Betreiber | ANA, Flybe, Horizon, SAS |

# BAe 146 / Avro RJ

*Bei Lufthansa CityLine sind die Tage der Avro RJ85, die jeweils über 93 Sitze verfügen, gezählt.*

Der britische Hersteller Hawker Siddeley hatte bereits in den sechziger Jahren über eine modernere Alternative zur alt- und ausgedienten DC-3 nachgedacht. Zu Beginn des nächsten Jahrzehnts kündigte das Unternehmen dann an, mit staatlicher Unterstützung ein vierstrahliges Kurzstreckenflugzeug mit Kurzstart- und -landeeigenschaften entwickeln zu wollen. Dieser Entwurf, der einen Schulterdecker mit T-Leitwerk und vier Triebwerken unter den um 15 Grad nach unten abgewinkelten Flügeln vorsah, kann nur als eigenwillig bezeichnet werden. Große Störklappen am Heck sollten ein Schubumkehrsystem an den Triebwerken unnötig machen. Die sich dramatisch verschlechternde wirtschaftliche Lage in Großbritannien führte jedoch dazu, dass die Pläne für das Projekt, das bereits den Namen HS.146 trug, wieder in der Schublade verschwanden. 1974 wurde Hawker Siddeley von British Aerospace aufgekauft, die sich vier Jahre später dazu entschloss, den ungewöhnlichen Entwurf wieder aufleben zu lassen. Im September 1981 startete das erste Exemplar mit ALF502-Triebwerken, das nun unter dem Namen BAe 146-100 vermarktet wurde, zu seinem Jungfernflug, und 1983 begannen die Auslieferungen an den Erstkunden, die britische Dan Air.

In dem bullig wirkenden Flugzeug konnten bei engster Bestuhlung mit sechs Sitzen pro Reihe mehr als 90 Passagiere befördert werden.

Nahezu zeitgleich mit der Erprobung der BAe 146-100 erfolgte auch die Entwicklung einer um 2,39 Meter gestreckten Version 146-200 für 100 Fluggäste. Diese hob im August 1982 erstmals ab und wurde zur Ausgangsbasis für die Frachtvariante 146QT (für Quiet Trader) oder die konvertible Variante 146QC, die innerhalb kürzester Zeit vom Passagier- zum Frachttransport umgerüstet werden konnte, von der aber nicht einmal eine Handvoll Exemplare verkauft wurde. Die dritte Basisversion folgte Ende 1988 mit der 146-300, die um weitere 2,44 Meter gestreckt wurde und bis zu 112 Fluggäste transportieren konnte. Ursprünglich sollte die -300 um rund 3,20 Meter verlängert sowie mit Winglets und stärkeren Triebwerken auf den Markt gebracht werden, doch diese Pläne wurden wieder fallen gelassen. Die ALF502 von Lycoming waren ohnehin relativ störungsanfällig, und angeblich ging unter den Mechanikern das Bonmot um, BAe stünde als Abkürzung für „Bring Another Engine".

Bis zum Flugzeug mit der Seriennummer 163, einer BAe 146-300, wurden alle Exemplare noch mit konventionellen Cockpits ausgestattet, danach setzte der Hersteller auf eine Glascockpitvariante von Honeywell; allerdings konnten auch die älteren Serienexemplare mit der moderneren Avionik nachgerüstet werden.

1992 möbelte British Aerospace die drei Muster mit neuen – und zuverlässigeren – LF507-Turbofans auf, optimierte sie für den Einsatz auf Regionalstrecken, legte beim maximalen Startgewicht ein paar Pfund drauf und versah die Flugzeuge mit einem EFIS-Cockpit von Honeywell-Sperry, das den Betrieb der Jets unter Schlechtwetterbedingungen nach Kategorie 3A erlaubte, sowie optional mit einem TCAS-System.

**Neue Derivate**
Um zu unterstreichen, dass es sich um ein „neues" Flugzeug handelte, grub man einen alten Traditionsnamen wieder aus und überließ die Fertigung der modifizierten Muster der 1993 geschaffenen Avro International Aerospace, einer eigenständigen BAe-Tochter. Im Gegensatz zur ursprünglichen BAe 146 wurde ein Großteil der nun Avro RJ (für RegioJet) genannten Flugzeuge für den

| AVRO RJ70 | |
|---|---:|
| Erstflug | 23. Juli 1992 |
| Länge | 26,16 m |
| Spannweite | 26,34 m |
| Höhe | 8,61 m |
| Kabinenbreite | 3,42 m |
| Passagiere | 70-82 |
| Max. Abfluggewicht | 38.102 kg |
| Treibstoffvorrat | 11.728 l |
| Reichweite | 2.500 km |
| Reisegeschwindigkeit | Mach 0,70 |
| Antrieb | LF507-1F |
| Schub | 4 x 29,14 kN |
| Gebaute Exemplare | 12 |
| Wichtigste Betreiber | Transwede, NJS, MDLR Airlines, Amiri Flight |

# BAe 146 / Avro RJ

Einsatz bei Regionalgesellschaften nur mit fünf Sitzen pro Reihe ausgestattet, so dass die Avro RJ70, das Derivat der 146-100, in den meisten Fällen auch wirklich ein 70-Sitzer war, während die BAe 146-200 und -300 zu RJ85 beziehungsweise RJ100 mit entsprechend vielen Sitzplätzen mutierten.

Angesichts der neuen Konkurrenz durch Fairchilds 728JET-Familie und Bombardiers CRJ700 erwog man bei British Aerospace Regional in den späten neunziger Jahren des 20. Jahrhunderts, die aufgrund ihrer vier Triebwerke etwas unwirtschaftlichen RJs mit neuen und noch leiseren Antrieben auszustatten und als RJX neu aufzulegen. Angepeilt waren ein um 15 Prozent niedrigerer Treibstoffverbrauch, eine um 17 Prozent höhere Reichweite sowie eine Reduzierung der Wartungskosten um 20 Prozent. Als Kandidaten waren

das AS900 von Honeywell und das in der Entwicklung befindliche SPW14 von Snecma/Pratt & Whitney Canada im Gespräch, wobei schließlich das AS900 das Rennen machte.

## Produktionseinstellung

Bestellungen von Drukair aus Bhutan für RJX-85 und von British European für RJX-100 schienen die Strategie zunächst als die richtige zu bestätigen, und der Erstflug der RJX-85 Ende April 2001 verlief reibungslos. Doch die durch die Terroranschläge des 11. Septembers ausgelösten Einbrüche in der zivilen Luftfahrt bewogen den Herstel-

| AVRO RJ85 | |
|---|---:|
| Erstflug | 23. März 1992 |
| Länge | 28,55 m |
| Spannweite | 26,34 m |
| Höhe | 8,61 m |
| Kabinenbreite | 3,42 m |
| Passagiere | 85-100 |
| Max. Abfluggewicht | 42.185 kg |
| Treibstoffvorrat | 11.728 l |
| Reichweite | 1.959 km |
| Reisegeschwindigkeit | Mach 0,70 |
| Antrieb | LF 507-1F |
| Schub | 4 x 29,14 kN |
| Gebaute Exemplare | 87 |
| Wichtigste Betreiber | CityJet, Swiss, Lufthansa CityLine, Brussels Airways |

# British Aerospace

*Drukair aus Bhutan hat ihre beiden BAe 146-100 inzwischen durch Airbus A319 ersetzt.*

ler, der sich inzwischen BAE Systems nannte, dazu, das komplette Programm, nach 394 zwischen 1982 und 2001 gebauten Exemplaren – darunter 221 BAe 146, 170 Avro RJ und drei Avro RJX –, einzustellen. Noch Anfang 2007 standen mehr als 300 BAe 146 und Avro RJ bei 55 Betreibern im Einsatz, doch mittlerweile ist diese Zahl deutlich zurückgegangen, zumal mit den E-Jets von Embraer und künftig mit der CSeries von Bombardier modernere und günstiger zu betreibende Flugzeuge verfügbar sind.

| AVRO RJ100 ||
|---|---:|
| Erstflug | 13. Mai 1992 |
| Länge | 30,99 m |
| Spannweite | 26,34 m |
| Höhe | 8,59 m |
| Kabinenbreite | 3,42 m |
| Passagiere | 100-112 |
| Max. Abfluggewicht | 44.226 kg |
| Treibstoffvorrat | 11.728 l |
| Reichweite | 1.816 km |
| Reisegeschwindigkeit | Mach 0,70 |
| Antrieb | LF 507-1F |
| Schub | 4 x 29,14 kN |
| Gebaute Exemplare | 71 |
| Wichtigste Betreiber | Aegean Airlines, British Airways, Brussels Airlines, Malmö Aviation |

# Jetstream

*Die südafrikanische Airlink betreibt eine der größten Jetstream-41-Flotten weltweit.*

Am Beginn der Jetstream-31-Karriere stand ein Konkurs – und zwar der ihres ursprünglichen Erbauers, der traditionsreichen Firma Handley Page, die unbeeindruckt von der Konsolidierung in der britischen Luftfahrtindustrie als eigenständiges Unternehmen weiter bestanden hatte.

Die ursprüngliche Jetstream 1 von 1967, deren durch Gewichts- und Widerstandsprobleme in die Höhe getriebenen Entwicklungskosten durchaus ihren Teil zu den finanziellen Problemen ihres Herstellers beigetragen hatten, wurde noch von Turbomeca-Astazou-Propellerturbinen angetrieben, ebenso wie die Jetstream 2, die dann nach dem Aus für Handley Page von der eigens gegründeten Jetstream Aircraft bzw. schließlich von Scottish Aviation als Jetstream 200 für 12 bis 19 Passagiere gebaut wurde. Nachdem Scottish Aviation Anfang 1978 im neu geschaffenen Riesen British Aerospace aufgegangen war, wurde die Entwicklung einer neuen Version mit (damals noch Garrett, heute Honeywell) TPE331-Triebwerken von 940 PS unter der Bezeichnung Jetstream 31 angekündigt, deren Prototyp erstmals am 28. März 1980 flog. Das Muster erwies sich als

| JETSTREAM 31 | |
|---|---:|
| Erstflug[1] | 18. August 1967 |
| Länge | 14,36 m |
| Spannweite | 15,85 m |
| Höhe | 5,38 m |
| Kabinenbreite | 1,85 |
| Passagiere | 19 |
| Max. Abfluggewicht | 6.900 kg |
| Treibstoffvorrat | 1.473 kg |
| Reichweite | 1.900 km |
| Reisegeschwindigkeit | 452 km/h |
| Antrieb | TPE331-10 |
| Leistung | 2 x 940 PS |
| Gebaute Exemplare[2] | 381 |
| Wichtigste Betreiber | Aeropelican |
| 1) Erstflug der Jetstream 1   2) J31 und J32 | |

## British Aerospace

so erfolgreich, dass es in mehreren hundert Exemplaren gebaut wurde. Bereits 1985 dachte der Hersteller über eine leistungsgesteigerte Variante nach, die ab 1988 als „Super 31" oder auch J32 mit einer stärkeren Version des TPE331 und einem höheren maximalen Abfluggewicht aufgelegt wurde. 1993 allerdings wurde die Produktion des Flugzeugs – nach insgesamt 381 gebauten J31 und J32 – eingestellt. AMT, die Leasinggesellschaft von British Aerospace Regional, offerierte seit 1997 für die von ihr vertriebenen J32 ein sogenanntes EP- (Enhanced Performance) Paket, das die Leistungen des Flugzeugs bei Einsätzen unter „Hot and High"-Bedingungen verbessern sollte.

Nur auf den ersten Blick eine längere Variante der J31 bot British Aerospace ab Ende 1992 mit der Jetstream 41 an. Doch das Flugzeug für 29 Passagiere erhielt nicht nur einen um knapp fünf Meter gestreckten, sondern auch völlig neu konzipierten Rumpf. Zudem wurden die Tragflächen niedriger angesetzt, was erheblich zur Verbesserung des Passagierkomforts beitrug, da der Hauptspant nun nicht mehr durch die Kabine verlief. Auch die Spannweite war vergrößert worden, und Querruder und Landeklappen erhielten einige Modifikationen. Um das Flugzeug, das mit zehn zusätzlichen Passagieren mehr als drei Tonnen gegenüber der J31 zugelegt hatte, in die Luft zu bringen, wurde eine leistungsgesteigerte Version des TPE331-Triebwerks gewählt.

Nach dem Erhalt der europäischen Zulassung am 23. November 1992 wurde am 8. Januar 1993 das erste Exemplar an Loganair ausgeliefert. Ein langes, erfolgreiches Dasein am Luftfahrthimmel war der Jetstream 41 dennoch nicht vergönnt. Der wichtigste Grund dafür dürfte der Umstand sein, dass sie – ähnlich wie die Dornier 328 – zu spät auf einen Markt kam, auf dem es zu dieser Zeit schon ein Überangebot an 30-Sitzern wie der Dash 8-100/200, der Saab 340 oder der EMB-120 gab.

So konnte der 29-Sitzer trotz einiger ermutigender Anfangserfolge nicht die an seine Verkaufschancen geknüpften Erwartungen erfüllen. 1997 wurde beschlossen, die Produktion zum Jahresende auslaufen zu lassen, nachdem 100 Exemplare, von denen 2007 noch rund die Hälfte im Einsatz standen, gebaut worden waren. ∎

| JETSTREAM 41 | |
|---|---:|
| Erstflug | 25. September 1991 |
| Länge | 19,33 m |
| Spannweite | 18,42 m |
| Höhe | 5,61 m |
| Kabinenbreite | 1,99 m |
| Passagiere | 29-30 |
| Max. Abfluggewicht | 10.886 kg |
| Treibstoffvorrat | 3.306 l |
| Reichweite | 774 km |
| Reisegeschwindigkeit | 546 km/h |
| Antrieb | TPE331-14 |
| Leistung | 2 x 1.650 PS |
| gebaute Exemplare | 100 |
| Wichtigste Betreiber | Eastern Airways, Airlink |

# ATP — British Aerospace

Das Schicksal der ATP bzw. der Jetstream 61, wie das Flugzeug mit leichten Modifizierungen der Kabine, erhöhtem Abfluggewicht und stärkeren Triebwerken ab 1994 heißen sollte, war besiegelt, als sich British Aerospace und ATR zur kurzlebigen Aero International (Regional) zusammenschlossen. Um Konkurrenz im eigenen Haus zur ATR 72 zu vermeiden, wurden die Verkaufsbemühungen für den britischen 70-Sitzer kurzerhand eingestellt.

Die ATP (für Advanced TurboProp) war ab 1984 als verlängerte, modernisierte und mit PW126-Triebwerken von Pratt & Whitney Canada sowie Sechs-Blatt-Propellern ausgerüstete Weiterentwicklung der BAe 748 entstanden. In der vergrößerten Kabine konnten bis zu 70 Passagiere untergebracht werden, wenngleich die Standardversion für 64 bis 68 Fluggäste ausgelegt war. Erstmals ging die ATP im August 1986 in die Luft, um 1988 an British Midland ausgeliefert zu werden. Acht Jahre später wurde die Produktion komplett eingestellt. 2001 wurde ein Frachterprogramm ins Leben gerufen, bei dem zunächst sechs ATPs in Kooperation zwischen BAe und der schwedischen West Air mit einer modifizierten Frachttür der Avro 748 ausgerüstet wurden.

Mitte 2011 standen noch rund 40 ATPs – die meisten von ihnen Frachter – im Einsatz, wobei die aus der Fusion von West Air und Atlantic Airlines hervorgegangene West Atlantic der größte Betreiber war.

| ATP | |
|---|---:|
| Erstflug | 6. August 1986 |
| Länge | 26,01 m |
| Spannweite | 30,63 m |
| Höhe | 7,60 m |
| Kabinenbreite | 2,50 m |
| Passagiere | 60-70 |
| Max. Abfluggewicht | 22.930 kg |
| Treibstoffvorrat | 6.364 l |
| Reichweite | 1.482 km |
| Reisegeschwindigkeit | 490 km/h |
| Antrieb | PW126A |
| Leistung | 2 x 2.388 PS |
| Gebaute Exemplare | 63 |
| Wichtigste Betreiber | West Atlantic |

*Die meisten ATP werden werden heute als Frachter eingesetzt – so wie dieses Exemplar von Atlantic Airlines.*

# Britten-Norman BN-2 Islander — Britten-Norman

Air Hamburg setzt ihre Islander zum Inselhüpfen in der Nordsee ein.

Die Britten-Norman BN-2 Islander wurde ab 1963 von John Britten und Desmond Norman als Zubringerflugzeug und Ersatz für die de Havilland Dragon Rapide entwickelt.

Der Hochdecker für bis zu zehn Passagiere erhielt ein starres Fahrwerk und konnte von kürzesten und unbefestigten Pisten aus starten. Auffallendstes Merkmal waren drei Seitentüren, eine rechts, zwei links, die den Zugang zu den von Wand zu Wand reichenden Sitzen erleichterten. Am 13. August 1967 wurde das Flugzeug an den Erstkunden Logan Air ausgeliefert. 1969 erhielt es als BN-2A eine Verkleidung des Fahrwerks, zudem wurde das Abfluggewicht erhöht. Ab 1970 avancierte die BN-2A zum Standardmodell, als welches sie erst 1978 von der Version BN-2B Islander II mit einer höheren Landemasse, verbesserter Inneneinrichtung und kleinerem Propeller abgelöst wurde. Im selben Jahr wurde Britten-Norman von Pilatus übernommen, die ihre Anteile erst im Juli 1998 wieder verkaufte und unter deren Ägide neue Versionen eingeführt wurden: die bereits erwähnte BN-2B Islander II, die nach wie vor über Kolbenmotoren verfügt, sowie die turbinengetriebene BN-2T.

Auch heute noch wird die Islander in fünf verschiedenen Varianten vermarktet. Mit mehr als 1.200 verkauften Exemplaren ist das ungewöhnliche Flugzeug eines der erfolgreichsten westeuropäischen Produkte geworden.

| BN-2T | |
|---|---:|
| Erstflug[1] | 13. Juni 1965 |
| Länge | 10.97 m |
| Spannweite | 14,93 m |
| Höhe | 3,78 m |
| Kabinenbreite | 1,09 m |
| Passagiere | 9 |
| Max. Abfluggewicht | 3.175 kg |
| Treibstoffvorrat | 689 kg |
| Reichweite | 1.093 km |
| Reisegeschwindigkeit | 315 km/h |
| Antrieb | Allison 250-B17C |
| Leistung | 2 x 320 PS |
| Gebaute Exemplare[2] | > 1.200 |
| Wichtigste Betreiber | Loganair, OLT |

1) Erstflug der BN-2  2) Alle Varianten

# Britten-Norman BN-2 Mk III Trislander — Britten-Norman

Trotz des Erfolges der Islander deckten Marktstudien den Bedarf an einer gestreckten Version mit einer um 50 Prozent größeren Passagierkapazität auf. Um die Passagierzahl auf 17 bis 18 zu erhöhen, wurde die Zelle vor den Tragflügeln um 2,29 Meter gestreckt, doch da der Rumpfdurchmesser unverändert blieb, hatte man auch die Sitzeinrichtung der Islander beibehalten und nur die Zahl der Türen auf fünf erhöht. Zudem wurde in der Heckflosse ein drittes Triebwerk untergebracht. Am 29. Juni 1971 konnte die Trislander an ihren Erstkunden Aurigny Air Services ausgeliefert werden.

Verschiedene Versionen der Trislander folgten wie die BN2A Mk III-1 mit einem erhöhtem Startgewicht oder die Mk III-3, deren Propeller bei Triebwerksausfall automatisch in Segelstellung ging. Im Jahr 1984 wurde das letzte Flugzeug ausgeliefert und die Produktion der Trislander nach dem 55. Exemplar eingestellt. ∎

| BN-2 MK III | |
|---|---:|
| Erstflug | 11. September 1970 |
| Länge | 15,01 m |
| Spannweite | 16,15 m |
| Höhe | 4,29 m |
| Rumpfbreite | 1,21 m |
| Passagiere | 18 |
| Max. Abfluggewicht | 4.536 kg |
| Treibstoffvorrat | 700 l |
| Reichweite | 1.609 km |
| Reisegeschwindigkeit | 241 km/h |
| Antrieb | O-540-E4C5 |
| Leistung | 3 x 264 PS |
| Gebaute Exemplare | 55 |
| Betreiber | Blue Islands, Aurigny Air Services |

*Aurigny Air Services mit Sitz auf der britischen Kanalinsel Guernsey betreibt ein halbes Dutzend Trislander.*

# CASA C212 Aviocar — CASA

*Merpati Nusantara aus Indonesien gehört zu den wichtigsten zivilen Betreibern der C212-200.*

Ursprünglich als Ersatz für alte Douglas C-47 und Junkers Ju 52 der spanischen Luftstreitkräfte gedacht, wurde die C212 Aviocar als Flugzeug mit extrem Kurzstart- und -landeeigenschaften schon bald für zivile Nischenmärkte vor allem in unterentwickelten Regionen entdeckt. Der zweimotorige Hochdecker mit Turbopropantrieb und starrem Fahrwerk verfügte über eine Kapazität von 26 Passagieren.

Die erste zivile Variante wurde unter der Bezeichnung C212 C im Juli 1975 in Dienst gestellt. 1978 wurde die Produktion des Basismodells zugunsten der Version C212-200 mit stärkeren Triebwerken und einem erhöhten Abfluggewicht eingestellt. 1984 folgte die -300 mit neuen Triebwerken, Winglets, vergrößerter Reichweite und einer um 73 Zentimeter verlängerten Kabine. Weitere Verbesserungen – stärkere TPE331-12JR-Triebwerke für bessere Leistungen unter „Hot-and-High"-Bedingungen sowie ein Glascockpit – fanden sich in der C212-400. Weltweit wurden über 470 dieser Flugzeuge verkauft, deren Hersteller seit 2000 zum europäischen Luftfahrtkonzern EADS gehört.

| C212-200 | |
|---|---:|
| Erstflug[1] | 26. März 1971 |
| Länge | 16,20 m |
| Spannweite | 20,30 m |
| Höhe | 6,60 m |
| Kabinenbreite | 2,10 m |
| Passagiere | 26 |
| Max. Abfluggewicht | 7.700 kg |
| Treibstoffvorrat | 1.998 l |
| Reichweite | 2.600 km |
| Reisegeschwindigkeit | 370 km/h |
| Antrieb | TPE331-10R |
| Leistung | 2 x 900 PS |
| Gebaute Exemplare[1] | › 470 |
| Wichtige Betreiber | Merpati Nusantara |
| 1) Erstflug der ursprünglichen C212 | |

# CASA/IPTN (Airtech) CN235

Die CN235 ist ein zweimotoriger, turbopropgetriebener Hochdecker mit Einziehfahrwerk für 45 Passagiere in einer 2-plus-2-Bestuhlung. Sie wurde in einem Joint Venture zwischen CASA (Spanien, heute Teil der EADS) und IPTN (Indonesien) entwickelt und gebaut. Obgleich das Projekt bereits 1970 von den beiden Herstellern geplant wurde, dauerte es noch über ein Jahrzehnt, bis die Prototypen, einer in Spanien, einer in Indonesien, am 9. November bzw. am 30. Dezember 1983 zum Erstflug starten konnten. Während beide Länder je eine Endmontagelinie unterhielten, zeichnete die CASA für den Bau der vorderen und mittleren Rumpfsektionen, den mittleren Teil der Tragflügel und die Klappen sowie die Triebwerksverkleidung verantwortlich. Bei IPTN wurden Außenflügel, Ruder, Heck und Leitwerk produziert.

*Die CN235 findet heute hauptsächlich militärische Verwendung wie hier bei der ecuadorianischen Luftwaffe.*

| CN235-200 | |
|---|---:|
| Erstflug[1] | 9. November 1983 |
| Länge | 21,40 m |
| Spannweite | 25,81 m |
| Höhe | 8,18 m |
| Kabinenbreite | 2,70 m |
| Passagiere | 40 |
| Max. Abfluggewicht | 16.500 kg |
| Treibstoffvorrat | 5.220 l |
| Reichweite | 1.773 km |
| Reisegeschwindigkeit | 452 km/h |
| Antrieb | CT7-9C3 |
| Leistung | 2 x 1.870 PS |
| Exemplare im Einsatz | › 280 |
| Wichtige Betreiber | Asian Spirit |
| 1) Erstflug des spanischen Version | |

Die ursprüngliche Variante CN235-10 wurde durch Derivate ersetzt; auf spanischer Seite durch die 235-100, auf indonesischer durch die 235-110. Beide Muster wurden mit einem neuen Antrieb versehen und erhielten Triebwerksverkleidungen aus Verbundwerkstoffen. Anfang der neunziger Jahre folgten die CN235-200 bzw. -220, die im März 1992 zertifiziert wurden, ein

# CASA

erhöhtes Abfluggewicht aufwiesen und sowohl als reine Passagier- als auch als Quick-Change-Varianten erhältlich waren. Seither arbeiteten die beiden Länder an eigenen Weiterentwicklungen des Flugzeuges. Die bisher letzten Varianten waren die CN235-300 mit maximal 16.500 kg Abflugmasse sowie die 300M mit elektronischem Flugmanagementsystem und Flüssigkristall-Multifunktionsbildschirmen. Käufer von 35 Exemplaren dieser letzten Version, deren erste im Dezember 2006 ausgeliefert wurden, war die kanadische Küstenwache. Keinem der rein zivilen Modelle war ein großer Erfolg außerhalb ihrer Heimatländer beschieden, doch dank ihrer Heckladerampe wurde die CN235 häufig für eine militärische Verwendung geordert.

# COMAC ARJ21

*Am 21. Dezember 2007 wurde die ARJ21 erstmals der Öffentlichkeit vorgestellt.*

Die ARJ21 („Advanced Regional Jet", also „fortschrittlicher Regionaljet") ist das erste in der Volksrepublik China entwickelte düsengetriebene Regionalflugzeug. Der zweistrahlige Jet sollte für Kurz- und Mittelstreckeneinsätze unter den anspruchsvollen geographischen und klimatischen Rahmenbedingungen des riesigen Landes, speziell für die hochgelegenen und mit hohen Temperaturen gesegneten Flughäfen in West-China, konzipiert werden. Das Programm wurde im Jahr 2002 gestartet und das daraufhin gegründete Konsortium ACAC (AVIC I Commercial Aircraft Company, seit 2009 Teil von COMAC, der Commercial Aircraft Corporation of China, Ltd.) mit Entwicklung und Bau beauftragt. Die Endmontage soll bei der Shanghai Aircraft Company erfolgen, für die Produktion von Tragflächen und Rumpf ist die Xian Aircraft

| ARJ21-700 | |
|---|---:|
| Erstflug | 28. November 2008 |
| Länge | 33,46 m |
| Spannweite | 27,29 m |
| Höhe | 8,44 m |
| Kabinenbreite | 3,14 m |
| Passagiere | 78-90 |
| Max. Abfluggewicht[1] | 43.500 kg |
| Treibstoffvorrat | 10.386 kg |
| Reichweite | 3.700 km |
| Reisegeschwindigkeit | Mach 0,78 |
| Antrieb | CF34-10A |
| Schub | 2 x 68,2 kN |
| Bestellungen | 224 |
| Wichtigste Kunden | Shandong Airlines, Shenzhen Financial Leasing |
| 1) ER-Version | |

Company verantwortlich, während das komplette Heck von der Shenyang Aircraft Corporation und die Bugsektion von der Chengdu Aircraft Industry Group stammen.

Auf der Systemseite stützt man sich dagegen vor allem auf westliche Zulieferer. So wurde das CF34, das auch bei den potenziellen Konkurrenzmustern CRJ700 bis CRJ1000 sowie Embraer 170 bis 195 Verwendung findet, in der Version CF34-10A als Antrieb ausgewählt. Das elektronische Flugsteuerungssystem („Fly by Wire") stammt von Honeywell, während Rockwell-Collins die Avionikausstattung basierend auf dem Pro-Line-21-System liefert. Für das Fahrwerk wiederum zeichnet Liebherr Aerospace verantwortlich, während Felgen und Bremsen von Goodrich stammen.

Da sich die Erfahrung der chinesischen Luftfahrtindustrie mit dem Bau von Düsenverkehrsflugzeugen – abgesehen von der erfolglosen 707-Kopie Y-10 – auf die Lizenzfertigung von MD-80 und MD-90 beschränkten, kann es kaum verwundern, dass die ARJ21 äußerlich große Ähnlichkeit mit den McDonnell-Douglas-Produkten aufweist. Entsprechend können in der Economy Class fünf Sitze pro Reihe installiert werden.

Die um 25 Grad gepfeilten und mit Winglets versehenen Tragflächen sind dagegen eine komplette Neuentwicklung, für deren Entwurf das ukrainische Antonow-Konstruktionsbüro verantwortlich zeichnet. Vorgesehen ist der Bau von zwei Basisversion – zum einen die ARJ21-700 für bis zu 90 Passagiere bei einer reinen Economy-Class-Bestuhlung, zum anderen die ARJ21-900 mit maximal 105 Sitzplätzen. Beide Jets sollen in einer Standardversion – für Zubringerflüge zu den großen Luftfahrt-Drehkreuzen – und in einer Extended-Range-Variante mit größerer Reichweite – für aufkommensschwache Punkt-zu-Punkt-Verbindungen – angeboten werden. Zusätzlich sind auf Basis der ARJ21-700 ein Frachter ARJ21F und ein Businessjet ARJ21B geplant.

Ursprünglich war der Jungfernflug für das Jahr 2005 vorgesehen, aber erst Ende 2008 ging die ARJ21 erstmals in die Luft. Bei Drucklegung dieses Buches wurde die Zulassung offiziell für das Jahresende 2011 erwartet, doch die spärlichen Informationen, die aus China über das Vorhaben fließen, lassen vermuten, dass der Termin nicht eingehalten werden kann.

| ARJ21-900 | |
|---|---:|
| Erstflug | k.A. |
| Länge | 36,36 m |
| Spannweite | 27,29 m |
| Höhe | 8,44 m |
| Kabinenbreite | 3,14 m |
| Passagiere | 98-105 |
| Max. Abfluggewicht[1] | 47.182 kg |
| Treibstoffvorrat | 10.886 kg |
| Reichweite | 3.334 km |
| Reisegeschwindigkeit | Mach 0,78 |
| Antrieb | CF34-10A |
| Schub | 2 x 75,9 kN |
| Bestellungen | – |
| 1) ER-Version | |

# de Havilland Canada DHC-6 Twin Otter

*Die Twin Otter gehört trotz ihres mittlerweile recht hohen Alters noch lange nicht zum alten Eisen.*

Ob auf Schwimmern im Linienverkehr zwischen Vancouver und Vancouver Island, ob als zuverlässiges Bindeglied zwischen den weit verstreuten Ortschaften in den Bergen des Himalajas oder auf Kufen irgendwo in den Weiten Alaskas – auch mehr als 40 Jahre nach ihrem Erstflug ist die robuste Twin Otter mit ihren Kurzstart- und -landeeigenschaften in vielen Gegenden der Welt ein unverzichtbares und universell einsetzbares Transportmittel.

Wenngleich der Name einen solchen Schluss nahe legte, hatte die Twin Otter wenig gemein mit der einmotorigen DHC-3 Otter. Bei drei Sitzen pro Reihe konnten bis zu 20 Fluggäste in dem zweimotorigen Hochdecker mit festem Fahrwerk befördert werden, und die beiden PT6-Propellerturbinen verliehen der Twin Otter je nach Version eine Reisegeschwindigkeit von maximal 340 km/h. Neben den bereits erwähnten Möglichkeiten, die DHC-6 nach Bedarf mit Radfahrwerk, Kufen oder Schwimmern auszurüsten, gab es insgesamt vier Basis-Serien. Von der Version 1, deren Kapazität auf 16 Sitze beschränkt war, wurden nur fünf Exemplare – inklusive des Prototypen, der erstmals am 20. Mai 1965 startete – gebaut. Die darauf folgende 100er-Serie, die ebenso wie die Serie 1 zu den sogenannten „Kurznasen"-Twin-Ottern gehörte, ver-

## de Havilland Canada

fügte über eine größere Tür auf der linken Flugzeugseite und bot Platz für maximal 21 Fluggäste. Ab der Serie 200 wurde die Nase des Flugzeugs verlängert, um einen größeren Gepäckraum zu schaffen, ebenso wurden der rückwärtige Gepäck-Stauraum sowie die entsprechenden Zugangstüren vergrößert. Die DHC-6-300 erhielt zusätzlich leistungsstärkere PT6A-27-Triebwerke und verfügte über ein höheres Abfluggewicht. Von den verschiedenen Versionen wurden bis zur Einstellung der Produktion 1998 insgesamt 844 Exemplare gefertigt, von denen heute noch rund 600 im Einsatz stehen.

### Neues Programm

Im Februar 2006 übernahm die kanadische Viking Air von Bombardier Aerospace, die de Havilland in den achtziger Jahren erworben hatte, die Musterzulassungen für die Typen DHC-1 bis DHC-7. Kurz darauf gab Viking bekannt, die Twin Otter in einer neuen Version -400 wieder auflegen zu wollen; am 2. April 2007 war es dann soweit, nachdem insgesamt 27 Bestellungen und Optionen eingegangen waren.

Für die 400er-Serie wurden mehr als 800 Veränderungen vorgenommen. Unter anderem wurde das Cockpit auf moderne Bildschirmtechnologie (Honeywell Primus Apex mit vier großen Flüssigkristalldisplays) umgerüstet; darüber hinaus ersetzte man die alten PT6A-27-Triebwerke durch modernere und spritsparende PT6A-34. Sie liefern bis zu 620 PS und verbessern unter anderem die Steigleistungen erheblich. Zudem fanden zur Gewichtseinsparung vermehrt leichte Materialien bei Zelle und Innenausstattung Verwendung. Wie ihre Vorgänger wird auch die neue Twin Otter optional als Amphibium, auf Schwimmern oder Kufen angeboten und vermag so ein breites Einsatzspektrum abzudecken.

Am 1. Oktober 2008 startete ein Technologiedemonstrator, eine auf die neuen Triebwerke und Primus-Apex-Avionik umgerüstete DHC-6-300, zu ihrem zweiten Jungfernflug, die erste echte neue Twin Otter 400 mit der Seriennummer 845 hob am 16. Februar 2010 zum ersten Mal ab. Unmittelbar nach der im Juli desselben Jahres erfolgten Zulassung wurde das Flugzeug an den Erstkunden Zimex Aviation aus der Schweiz ausgeliefert. ■

| DHC-6-300 | |
|---|---|
| Erstflug[1] | 20. Mai 1965 |
| Länge | 15,77 |
| Spannweite | 19,81 m |
| Höhe | 5,94 m |
| Kabinenbreite | 1,60 m |
| Passagiere | 20 |
| Max. Abfluggewicht | 5.670 kg |
| Treibstoffvorrat | 1.430 l |
| Reichweite | 1.435 km |
| Reisegeschwindigkeit | 337 km/h |
| Antrieb | PT6A-27 |
| Leistung | 2 x 620 PS |
| Gebaute Exemplare[2] | 850 |
| Wichtige Betreiber | Logan Air, Libyan Arab Airlines, Maldivian Air Taxi |
| 1) Erstflug der DHC-6-1  2) Alle Versionen | |

# de Havilland Canada Dash 7

*Bis 2009 setzte Asian Spirit (heute Zest Airways) die Dash 7 ein, deren Kurzstart- und -landeeigenschaften den Betrieb auch auf kürzesten Pisten gestatten.*

Von 1975 bis 1988, zwei Jahre nach der Übernahme durch Boeing, produzierte de Havilland Canada insgesamt 113 Exemplare der DHC-7 oder Dash 7, wie der viermotorige Turboprop auch genannt wurde. Angesichts des in den Weiten Kanadas immer denkbaren Einsatzes von kurzen, unbefestigten Pisten wiesen eigentlich alle de-Havilland-Modelle sehr gute Kurzstarteigenschaften auf, aber dass ein Flugzeug dieser Größe für immerhin 50 Passagiere mit einer nur knapp 690 Meter kurzen Piste auskam, stellte so ziemlich alles andere in den Schatten. Vier PT6-Propellerturbinen und das ausgeklügelte System eines Tragflügels hoher Streckung (10:1) mit doppelt geschlitzten Klappen fast über die gesamte Spannweite waren die Ursache für diese Leistungsfähigkeit, während das Zusammenwirken von kräftigen Bremsen, Propellerverstellung und Spoilern dafür sorgte, dass die Landestrecke noch einmal kürzer ausfiel.

Die Dash 7 erwies sich zudem als sehr freundlicher Nachbar, denn die Geräuschkulisse des Flugzeugs beim Start und im Landeanflug war unschlagbar niedrig. Zu verdanken hatte sie dies den überproportional langen Propellerblättern, die sich verhältnismäßig langsam drehten. Denn ein Großteil des allgemein vom Propeller verursachten Lärms rührt daher, dass die Blattspitzen üblicherweise annähernd mit Schallgeschwindigkeit rotieren, was bei der Dash 7 vermieden werden konnte. Dieser Umstand und die hervorragenden Kurzstarteigenschaften waren mit ausschlaggebend für die Schaffung des London City Airports, dessen Lage inmitten der ehemaligen Hafenanlagen in der britischen Hauptstadt Fluggerät mit eben diesen Charakteristika erforderte.

## de Havilland Canada

Mit finanzieller Unterstützung der kanadischen Regierung hatte de Havilland Anfang der siebziger Jahre des vorigen Jahrhunderts mit der Entwicklung der Dash 7 begonnen, die im Prinzip auf dem Design der berühmten, wenn auch wesentlich kleineren Twin Otter beruht. Allerdings erhielt das Flugzeug eine Druckkabine, die wiederum einen kreisförmigen Rumpfquerschnitt erforderte, sowie ein Fahrwerk, das in die Verkleidungen der beiden inneren Triebwerke eingezogen wurde.

Der Erstflug des Prototypen fand am 27. März 1975 statt, gefolgt von der Zulassung im Mai 1977. Ein Dreivierteljahr später, im Februar 1978, wurde das neue Flugzeug dann von seinem ersten Betreiber, Rocky Mountain Airways, in Dienst gestellt. Bis 1984 wurden 100 Exemplare ausgeliefert, dann wurde die Produktion der Dash 7 zugunsten des neuen Musters Dash 8 eingefroren, um ab 1984 wieder aufgenommen zu werden; allerdings wurden in den folgenden vier Jahren bis zur völligen Einstellung des Programms nur mehr 13 Exemplare an den Kunden gebracht.

Die Dash 7 wurde außer in der anfänglichen Passagierversion der Serie 100 auch in der Version 101 als Frachter sowie in der Version 103 als Kombivariante angeboten. Später folgten als einzige größere Modifikation die Serien 150 (Passagier) und 151 (Fracht), die sich durch ein höheres Abfluggewicht und eine größere Reichweite auszeichneten. Eine ursprünglich einmal erwogene, gestreckte Dash 7-300 wurde niemals realisiert.

Nach wie vor stehen einige Dutzend Exemplare aller Varianten bei Fluggesellschaften rund um den Globus im Einsatz, ein großer Teil davon in Südasien, aber auch in Grönland. ∎

| DASH 7-100 | |
|---|---:|
| Erstflug | 27. März 1975 |
| Länge | 24,58 m |
| Spannweite | 28,35 m |
| Höhe | 7,98 m |
| Kabinenbreite | 2,60 m |
| Passagiere | 50-56 |
| Max. Abfluggewicht | 19.976 kg |
| Treibstoffvorrat | 7.938 kg |
| Reichweite | 2.111 km |
| Reisegeschwindigkeit | 425 km/h |
| Antrieb | PT6A-50 |
| Leistung | 4 x 1.120 PS |
| Gebaute Exemplare | 113 |
| Wichtige Betreiber | Air Greenland, Pelita Air Service, Voyageur Airways |

# Dornier Do 228

*Zur kleinen Flotte der Maldivian (ehemals Island Aviation Services Limited) auf den Malediven gehört auch diese Do 228-212.*

In den siebziger Jahren arbeitete der deutsche Flugzeughersteller Dornier an einem LTA (Light Transport Aircraft) genannten Projekt. Dieses neue Flugzeug sollte auf 19 bis 25 Passagiere oder 2.500 Kilogramm Nutzlast ausgelegt werden und von Propellerturbinen angetrieben werden. Aus Kostengründen wurde das Programm eingestellt, doch ein dafür entwickelter neuer Flügel, genannt TNT (Tragflügel Neuer Technologie) mit einem neuartigen aerodynamischen Profil überlebte die Sparmaßnahmen und harrte seiner Verwendung. So entstand Ende der siebziger Jahre die Dornier 228, basierend auf dem modifizierten und gestreckten Rumpf der Do 128 „Skyservant", mit Einziehfahrwerk, Garrett-TPE331-Propellerturbinen und dem neuen Flügel. Das erste Exemplar der ursprünglich 15-sitzigen Version Do 228-100 absolvierte seinen Erstflug am 28. März 1981, die etwas längere Do 228-200 für bis zu 19 Fluggäste folgte am 9. Mai desselben Jahres, und schon rund ein halbes Jahr später wurde dem neuen Flugzeug die deutsche Zulassung erteilt. Das erste serienmäßig gebaute Flugzeug wurde im März 1982 an die norwegische Norving ausgeliefert.

Zwar war die 228 das erfolgreichste rein deutsche Zivilflugzeug der Nachkriegszeit, doch waren vergleichbare

## Dornier

kleine Finnen an der Rumpfheck-Unterseite, die auch zur Standardausstattung der später ausschließlich gebauten Variante 228-212 gehörten. Dieses Modell konnte dank der stärkeren TPE331-5A- bzw. TPE331-10-Triebwerke 19 Passagiere über eine Strecke von 845 Kilometer transportieren.

Nachdem die Nachfrage spürbar nachgelassen hatte, wurde die Produktion zum Jahresende 1998 nach 245 gebauten Exemplaren eingestellt. Die Rechte an der Do 228 wurde von der Schweizer RUAG übernommen, die im Oktober 2007 einer Wiederaufnahme der Fertigung beschloss. Die Do 228 NG (für „New Generation") erhielt unter anderem neue Fünf-Blatt-Propeller und moderne Avionik. Die erste Do 228 NG wurde am 23. September 2010 an die japanische NCA ausgeliefert. ∎

Produkte wie die Beech 1900C/D oder Embraers EMB-120 Brasilia deutlich erfolgreicher. Allerdings bewährte sie sich überall dort, wo Kurzstarteigenschaften und ein allgemein robustes Flugzeug gefordert waren, zum Beispiel in Indien, wo die 228 seit Mitte der achtziger Jahre von Hindustan Aeronautics in Kanpur unter der Bezeichnung HAL 228 in Lizenz gefertigt wurde.

In ihrer Geschichte musste die 228 einige Veränderungen über sich ergehen lassen, wobei unter anderem die Versionen -101 und -201 mit einem erhöhten Abfluggewicht und Verstärkungen an Struktur und Fahrwerk entstanden. Spätere Modelle erhielten zudem

| DO 228-212 | |
|---|---|
| Erstflug[1] | 28. März 1981 |
| Länge | 16,56 m |
| Spannweite | 16,97 m |
| Höhe | 4,86 m |
| Kabinenbreite | 1,35 m |
| Passagiere | 19 |
| Max. Abfluggewicht | 6.400 kg |
| Treibstoffvorrat | 2.417 l |
| Reichweite | 2.700 km |
| Reisegeschwindigkeit | 413 km/h |
| Antrieb | TPE331-5-252D, TPE331-10 |
| Leistung | 2 x 775 PS |
| Gebaute Exemplare[2] | 328 |
| Wichtige Betreiber | New Central Airlines |
| 1) Erstflug der ursprünglichen Do 228 | |
| 2) Alle Versionen, inklusive Lizenzbau | |

# Dornier 328

Sie war bestimmt eines der besten Regionalflugzeuge ihrer Klasse, und vermutlich auch noch das am besten anzusehende. Nur war es der Dornier 328 nicht vergönnt, auch das meistverkaufte Muster unter den Turboprops für Regionalstrecken zu sein, denn der 30-Sitzer kam zu spät, war zu teuer und – anders als von den Fluglinien immer wieder gefordert – nicht Teil einer Flugzeugfamilie.

Bereits Mitte der achtziger Jahre hatte man sich bei Dornier Gedanken über ein 30-sitziges Regionalflugzeug mit Druckkabine gemacht. Für das neue Flugzeug kombinierte Dornier – das Unternehmen gehörte seit 1985 zum Daimler-Benz-Konzern und dann ab 1989 zur neu formierten Deutschen Aerospace (Dasa) – den bei der Dornier 228 bewährten Tragflügel mit einem völlig neuen kreisrunden Rumpf und

| 328-120 | |
|---|---:|
| Erstflug | 6. Dezember 1991 |
| Länge | 21,23 m |
| Spannweite | 20,98 m |
| Höhe | 7,05 m |
| Kabinenbreite | 2,18 m |
| Passagiere | 30-33 |
| Max. Abfluggewicht | 13.990 kg |
| Treibstoffvorrat | 4.542 l |
| Reichweite | 1.352 km |
| Reisegeschwindigkeit | 620 km/h |
| Antrieb | PW119B |
| Leistung | 2 x 2.180 PS |
| Gebaute Exemplare | 107 |
| Wichtige Betreiber | Suckling Airways, Sun Air of Scandinavia |

Propellerturbinen des Typs PW119. Im Cockpit dominierten die fünf großen Bildschirme der Honeywell-Primus-Avionik, als Option war für Landungen nach Kategorie IIIA die Installation eines „Head-up-Guidance"-Systems möglich.

Das Erprobungsprogramm, das am 15. Oktober 1993 zur Zulassung führte, blieb nicht von Rückschlägen verschont. So gingen bei einem Testflug alle sechs Blätter des linken Propellers verloren.

Zwar wurde die 328 bei Dornier

## Dornier

*Eine Dornier 328 in den Farben von VIP – Vuelos Internos Privados aus Ecuador.*

Luftfahrt in Oberpfaffenhofen endmontiert, doch stammten etwa 40 Prozent des Flugzeugs von Zulieferern, so unter anderem der Rumpf von Daewoo, die Bugsektion von Aermacchi (Italien) und die Triebwerksgondeln und Türen von Westland aus Großbritannien. Nach der Übernahme des Herstellers durch Fairchild im Jahr 1996 wurde die Rumpffertigung komplett an ein Team aus Aermacchi und der portugiesischen OGMA vergeben.

Aus der ursprünglichen 328-100 wurde bald das Muster 328-110 mit höherem Abfluggewicht und größerer Reichweite. Zudem präsentierte Dornier die Versionen -120 mit besseren Kurzstarteigenschaften und -130 mit einer zusätzlichen 20-Grad-Klappenstellung für den Start.

Dank ihrer hohen Geschwindigkeit konnte sich die 328 beim Anflug problemlos zwischen den Jets einreihen. Doch die eingangs angeführten Umstände verhinderten einen größeren Erfolg der Dornier 328, von der insgesamt lediglich 107 Exemplare verkauft werden konnten.

# Dornier 328 — Dornier

*Der Nürnberger Aero-Dienst betreibt diesen Dornier 328JET für die ADAC Luftrettung.*

Im Februar 1997 wurde mit der Dornier 328-300 oder 328JET eine neue Version gestartet. Sie war im Prinzip eine auf PW306B-Turbofans umgerüstete Dornier 328-100 mit diversen Modifikationen an den Tragflächen und einigen Systemen, während die äußeren Abmessungen, Kabine und Cockpit praktisch unverändert blieben.

Als Envoy 3 wurde auch eine Geschäftsreiseversion der 328JET mit größerer Reichweite angeboten, zudem wurde über eine gestreckte, 44-sitzige Variante des Regionaljets nachgedacht. Nach dem Konkurs von Fairchild Dornier im April 2002 nahm AvCraft, die das 328-Programm aufgekauft hatte, das Konzept wieder auf, konnte es jedoch nicht finanzieren und ging im Jahr 2005 in Konkurs. Ihre Kernaktivitäten wie Wartung, Ausstattung oder Product Support wurden von der neu gegründeten 328 Support Services GmbH übernommen. Im April 2006 rollte die letzte Dornier 328JET vom Band, die an die isländische Nordic Wings ausgeliefert wurde. Auch heute noch steht ein Großteil der 222 gebauten Dornier 328 und 328JET weltweit im Einsatz.

| 328JET | |
|---|---:|
| Erstflug | 20. Januar 1998 |
| Länge | 21,23 m |
| Spannweite | 20,98 m |
| Höhe | 7,05 m |
| Kabinenbreite | 2,18 m |
| Passagiere | 30-33 |
| Max. Abfluggewicht | 15.655 kg |
| Treibstoffvorrat | 4.542 l |
| Reichweite | 1.480 km |
| Reisegeschwindigkeit | Mach 0,64 |
| Antrieb | PW306B |
| Schub | 2 x 26.9 kN |
| Gebaute Exemplare | 115 |
| Wichtige Betreiber | Hainan Airlines, Sun Air of Scandinavia, Ultimate Jetcharters |

# Embraer EMB 120

Nachdem sich Embraer mit der EMB-110 Bandeirante im Luftfahrtgeschäft etabliert hatte, begann der brasilianische Hersteller, über die Entwicklung eines gestreckten Nachfolgemusters nachzudenken. Als Antrieb waren nun nicht mehr PT6-Turboproptriebwerke von Pratt & Whitney Canada vorgesehen, sondern solche der stärkeren PW100-Serie desselben Unternehmens. Der Prototyp des 30-Sitzers mit der Bezeichnung EMB-120 (heute EMB 120) und dem Beinamen „Brasilia" startete am 27. Juli 1983 zu seinem Jungfernflug. Nach der ersten Auslieferung im Herbst 1985 entwickelte sich die EMB 120 rasch zu einem der wichtigsten Regionalflugzeuge der achtziger und neunziger Jahre, das vor allem auf dem US-Markt weit verbreitet war. Die ursprünglichen PW115-Propellerturbinen wurden bald durch stärkere PW118 ersetzt, die einen Vierblatt-Propeller antrieben und der Brasilia zu einer Reisegeschwindigkeit von 556 Stundenkilometern verhalfen.

Mit dem Siegeszug der Regionaljets etwa ab Mitte der neunziger Jahre ging die Nachfrage deutlich zurück, und im Jahr 2002 verließ das vorerst letzte Flugzeug die Endmontagelinie. Allerdings stehen noch immer etliche EMB 120 im aktiven Einsatz, und offiziell bietet Embraer das Flugzeug nach wie vor an.

| EMB 120 | |
|---|---|
| Erstflug | 27. Juli 1983 |
| Länge | 20,00 m |
| Spannweite | 19,78 m |
| Höhe | 6,35 m |
| Kabinenbreite | 2,10 m |
| Passagiere | 30 |
| Max. Abfluggewicht | 11.990 kg |
| Treibstoffvorrat | 2.600 kg |
| Reichweite | 1.481 km |
| Reisegeschwindigkeit | 556 km/h |
| Antrieb | PW118 |
| Leistung | 2 x 1.800 PS |
| Bestellungen | 352 |
| Wichtige Betreiber | Great Lakes Airlines, SkyWest Airlines |

Eine EMB 120ER der venezolanischen Avior Airlines auf dem Flughafen von Caracas.

# Embraer ERJ-145-Familie

*ERJ 145 der Air-France-Tochter Régional auf dem Flughafen Bremen.*

Bereits kurz nach dem Programmstart für den Canadair Regional Jet hatte auch Embraer mit den Arbeiten an einem düsengetriebenen Regionalflugzeug begonnen. Der brasilianische Hersteller war überzeugt, dass die Zukunft auch in diesem Marktsegment den Jets gehören würde. Allerdings fehlten ihm die notwendigen finanziellen Ressourcen, weil zuvor eine Menge Geld in die Entwicklung der CBA-123 „Vector" geflossen war, eines hochmodernen, auf der Brasilia basierenden 19-Sitzers, der von zwei Druckpropellern angetrieben wurde, für potenzielle Kunden jedoch schlicht zu teuer war. Und beim ebenfalls nahezu bankrotten Staat brauchte man wegen einer wie auch immer gearteten Unterstützung gar nicht erst anzuklopfen.

Um Kosten zu sparen, sollte in dem geplanten Regionaljet so viel „Brasilia" wie nur eben möglich stecken, und da die Kunden anfänglich auch „nur" nach einem „schnelleren Turboprop" verlangt hatten, sahen erste Entwürfe eine gestreckte EMB-120 vor, deren PW118-Propellerturbinen durch zwei AE3007-Turbofans von Allison (heute Rolls-Royce) ersetzt worden waren. Eine Konfiguration mit miserablen Leistungswerten, wie sich bei Windkanalversuchen herausstellte. Also wurden die Triebwerke unter die Tragflächen verlegt, was aus aerodynamischer Sicht die beste Lösung darstellte, aber ein längeres Fahrwerk erfordert hätte und damit – um die Unterbringung im Rumpf zu gewährleisten – eine Neukonstruktion der Bugsektion. Dafür aber fehlte aus den bereits erwähnten Gründen das Geld, und so wanderte der Antrieb wie bei dem fast gleichzeitig konzipierten Canadair Regional Jet (CRJ) ans Heck.

# Embraer

Und damit aus dem Jet tatsächlich ein Jet und nicht nur ein „schnellerer Turboprop" wurde, ersetzte man die trapezförmigen Brasilia-Flügel durch gepfeilte Tragflächen. Noch eine weitere wichtige Entscheidung wurde in dieser Zeit getroffen. Ursprünglich sollte die EMB-145 – so die anfängliche Bezeichnung – Platz für 45 Fluggäste bieten; nun wurde diese Zahl auf 48 erhöht. Doch basierend auf Erfahrungen mit der Brasilia, die über vier Sitze weniger verfügte als das Konkurrenzmodell Saab 340 und deshalb bei Verkaufskampagnen gelegentlich das Nachsehen hatte, entschied man sich schließlich, den Rumpf soweit zu strecken, dass der neue Jet ebenso wie der kanadische CRJ 50 Passagiere befördern konnte.

Damit stand die Konfiguration weitgehend fest, doch bis zum Jungfernflug sollten noch fast vier Jahre vergehen, in denen der Hersteller privatisiert sowie Partner für das neue Flugzeugprogramm gesucht und schließlich auch gefunden wurden. Zwar erfolgte die

| ERJ 135 | |
|---|---:|
| Erstflug | 4. Juli 1998 |
| Länge | 26,33 m |
| Spannweite | 20,04 m |
| Höhe | 6,76 m |
| Rumpfdurchmesser | 2,28 m |
| Passagiere | 37 |
| Max. Abfluggewicht[1] | 20.000 kg |
| Treibstoffvorrat | 5.136 kg |
| Reichweite[1] | 3.243 km |
| Reisegeschwindigkeit | Mach 0,78 |
| Antrieb | AE3007A |
| Schub | 2 x 33 kN |
| Bestellungen | 108 |
| Wichtige Betreiber | American Eagle, ExpressJet |
| 1) LR-Variante | |

# Embraer ERJ-145-Familie

*Eine von einem guten Dutzend ERJ 145 in der Flotte der britischen Fluggesellschaft BMI Regional.*

Endmontage der EMB-145 in Brasilien, doch wichtige Komponenten wurden von der spanischen Gamesa (Tragflächen), der Sonaca aus Belgien (Teile des Rumpfs) oder der chilenischen Enaer (Seiten- und Höhenflosse sowie Höhenruder) gefertigt.

Völlig umsonst waren die in die CBA-123 investierten Millionen übrigens doch nicht. Dass nach dem Erstflug der EMB-145 nur 16 Monate bis zur ersten Auslieferung im Dezember 1996 vergingen, lag zum großen Teil an den Erfahrungen, die Embraer bei den Arbeiten an und den Testflügen mit den beiden Prototypen der „Vector" sammeln konnte.

Nicht zuletzt dank eines äußerst attraktiven Verkaufspreises fand der Regionaljet, der ab 1997 als ERJ 145 (für „Embraer Regional Jet") vermarktet wurde, viele Abnehmer. Großaufträge kamen vor allem von US-amerikanischen Zubringer-Airlines, beispielsweise Continental Express oder American Eagle.

Die ERJ 145 wurde in verschiedenen Versionen angeboten, die sich in der Regel nur durch die Treibstoffkapazität und das maximale Abfluggewicht unterschieden. Eine Ausnahme bildete die ERJ 145XR („für „Extra Long Range"), die neben etlichen aerodynamischen Verbesserungen Winglets an den

| ERJ 145 / ERJ 145 XR | |
|---|---:|
| Erstflug | 11. August 1995/29. Juni 2001 |
| Länge | 29,87 m |
| Spannweite | 20,04/21,00 m |
| Höhe | 6,76 m |
| Rumpfdurchmesser | 2,28 m |
| Passagiere | 50 |
| Max. Abfluggewicht[1] | 22.000/24.100 kg |
| Treibstoffvorrat | 5.136/5.973 kg |
| Reichweite[1] | 2.873/3.706 km |
| Reisegeschwindigkeit | Mach 0,78/0,80 |
| Antrieb | AE3007A/ AE3007A1E |
| Schub | 2 x 36/39 kN |
| Bestellungen | 708 |
| Wichtige Betreiber | American Eagle, ExpressJet |
| 1) LR-Variante der ERJ 145 | |

# Embraer

Flügelspitzen, einen zusätzlichen Treibstofftank und stärkere Triebwerke erhielt, was sich vor allem in einer höheren Reisegeschwindigkeit (Mach 0,80 statt Mach 0,78) sowie in einer auf mehr als 3.700 Kilometer gesteigerten Reichweite niederschlag.

Nachdem Fairchild Aerospace seine Absicht erklärt hatte, basierend auf der Dornier 328 einen Regionaljet zu entwickeln, war klar, dass vergleichbare Ankündigungen anderer Hersteller nicht lange auf sich warten lassen würden. Und da die ERJ 145 aus dem 30-Sitzer EMB-120 hervorgegangen war, war es für Embraer kein großes Problem, neben dem 50-sitzigen Jet auch eine kleinere Variante für 37 Passagiere anzubieten. Die ERJ 135 wurde gegenüber ihrer größeren Schwester um 3,54 Meter verkürzt, war aber ansonsten zu 90 Prozent identisch, inklusive der AE3007A-Triebwerke von Rolls-Royce.

Und weil aller guten Dinge bekanntlich drei sind, folgte auf ERJ 145 und ERJ 135 noch die ERJ 140, die im September 1999 erstmals vorgestellt wurde und mit maximal 44 Sitzplätzen ziemlich genau in der Mitte zwischen den beiden Vorgängern angesiedelt war. Ihre Entwicklung ließ sich unmittelbar auf die sogenannten „Scope Clauses" bei American Eagle zurückführen, die der Fluggesellschaft nur den Betrieb einer bestimmten Anzahl von Flugzeugen mit mehr als 44 Sitzen gestatteten. Von den ab Juli 2001 ausgelieferten Flugzeugen ging folglich das Gros an die American-Airlines-Regionaltochter. Die meisten anderen Fluggesellschaften zogen dagegen die größeren und wirtschaftlicheren ERJ 145 vor.

Die mit der Sättigung des Marktes und den steigenden Kerosinpreisen deutlich nachlassende Nachfrage nach kleineren Regionaljets machte sich auch bei Embraer bemerkbar, und Bestellungen für die ERJ-145-Familie waren in jüngster Zeit Mangelware, abgesehen von einem Auftrag über 50 Flugzeuge durch Hainan Airlines. Diese ERJ 145 wurden allerdings nicht in Brasilien endmontiert, sondern bei Harbin Embraer Aircraft Industry (HEAI) aus Harbin im Nordosten Chinas. Das im Dezember 2002 ins Leben gerufene Gemeinschaftsunternehmen von Embraer und der China Aviation Industry Corporation II (AVIC II) fertigt ERJ 145 für den chinesischen Markt.

| ERJ 140 | |
|---|---:|
| Erstflug | 27. Juni 2000 |
| Länge | 28,45 m |
| Spannweite | 20,04 m |
| Höhe | 6,76 m |
| Rumpfdurchmesser | 2,28 m |
| Passagiere | 44 |
| Max. Abfluggewicht[1] | 21.100 kg |
| Treibstoffvorrat | 5.136 kg |
| Reichweite[1] | 3.058 km |
| Reisegeschwindigkeit | Mach 0,78 |
| Antrieb | AE3007A |
| Schub | 2 x 33 kN |
| Bestellungen | 74 |
| Wichtige Betreiber | American Eagle, Chautauqua Airlines |

1) LR-Variante

# Embraer E-Jets

*Neben Embraer 175 (Foto) betreibt TRIP Linhas Aéreas aus Brasilien auch die größere Embraer 190.*

Die Turboprops EMB-110 und EMB-120 hatten Embraer auf dem Verkehrsflugzeug-Markt etabliert, den Regionaljet-Boom in den neunziger Jahren nutzte das brasilianische Unternehmen, um mit der ERJ-145-Familie die eigene Position im Kreis der Großen zu festigen, und mit den E-Jets bewies der Hersteller, dass er sich nicht scheute, sogar den beiden Platzhirschen Airbus und Boeing den Kampf anzusagen.

Ende der neunziger Jahre zeichnete sich eine gewisse Sättigung des Marktes für „klassische" Regionaljets mit zwischen 30 und 50 Sitzplätzen ab, so dass sich ihre Hersteller nach zusätzlichen Betätigungsfeldern umzusehen begannen. Der logische Schritt schien eine Vergrößerung der Kapazität zu sein, zumal nach dem Konkurs Fokkers im Bereich zwischen 70 und 100 Sitzen werksneu allein die Avro-RJ-Familie von British Aerospace (später BAE Systems) angeboten wurde. Und die galt ob ihrer vier Triebwerke allgemein nicht als besonders wirtschaftliche Lösung.

### Erstkunde Crossair

Allerdings waren durchaus nicht alle Fachleute überzeugt, dass dieser angepeilte Markt überhaupt existierte, denn die sogenannten Scope Clauses limitierten bei vielen US-Fluggesellschaften Zahl und/oder Kapazität der Flugzeuge, die bei den – zu günstigeren Kosten operierenden – Regionaltöchtern eingesetzt werden durften. Und diese Limits waren in der Regel bereits mit den kleineren Regionaljets ausgeschöpft worden.

Doch die Hersteller ließen sich von solchen Bedenken nicht beirren. Offensichtlich wollte sich keiner im Nachhinein das Verpassen einer einmaligen Gelegenheit vorwerfen lassen. Bombardier reagierte mit einer Streckung des 50-sitzigen CRJ200 zum CRJ700, liebäugelte aber zugleich mit größeren, 90- beziehungsweise 110-sitzigen Jets, die die vorläufige Bezeichnung BRJ-X trugen, aber nie realisiert werden sollten. Fairchild warf im Sommer 1998 die 728 ins Rennen, einen 70-Sitzer in konventioneller Auslegung mit unter den Tragflächen installierten Triebwerken und einem Rumpf, der die Unterbringung von fünf Sitzen pro Reihe gestattete. Eine größere 928 war ebenso geplant wie eine kleinere 528, da Fairchild bis dahin keinen 50-Sitzer im Angebot hatte. Vermutlich wäre es um die Wirtschaftlichkeit der vergleichsweise schweren und kurzen 528 nicht sonderlich gut bestellt gewesen, doch ist diese Überlegung rein hypothetischer Natur, da der Hersteller noch vor dem Erstflug der 728 Konkurs anmelden musste.

Blieb also noch Embraer. Wenn die Brasilianer es geschickt anstellten, würden sie diesen Markt weitgehend für sich allein haben. Den ersten Coup landeten sie im Sommer 1999, als sie Fairchild den Erstkunden Crossair abspenstig machten. Die Schweizer gaben nämlich auf der Pariser Luftfahrtausstellung ihre Absicht bekannt, Embraer ERJ-170 und ERJ-190-200 zu bestellen. Mit 70 und 108 Sitzplätzen waren sie die kleinsten beziehungsweise größten Mitglieder einer neuen Flugzeugfamilie, die der brasilianische Hersteller im Februar desselben Jahres erstmals angekündigt hatte und zu der weiterhin noch die 98-sitzige ERJ 190-100 gehörte.

### Vier Sitze pro Reihe

Wie die potenziellen Konkurrenten setzte auch Embraer für die neuen Flugzeuge, die man nicht mehr als Regionaljets verstanden sehen wollte, auf CF34-Triebwerke, die unter den Tragflächen installiert werden sollten. Während das Gros der Systeme bei allen Modellen identisch war, sollten ERJ-190-100 und -200 größere Tragflächen und eine schubstärkere Version des CF34 erhalten. Für die neue Flugzeug-Familie war eine elektronische Flugsteuerung („Fly by Wire") vorgesehen, und der „Double-Bubble"-Rumpfquerschnitt in Form einer auf dem Kopf ste-

| EMBRAER 170 | |
|---|---:|
| Erstflug | 19. Februar 2002 |
| Länge | 29,90 m |
| Spannweite | 26,00 m |
| Höhe | 9,85 m |
| Rumpfdurchmesser | 3,01 m |
| Passagiere | 70-78 |
| Max. Abfluggewicht[1] | 37.200 kg |
| Treibstoffvorrat | 9.335 kg |
| Reichweite[1] | 3.706 km |
| Höchstgeschwindigkeit | Mach 0,82 |
| Antrieb | CF34-8E |
| Schub | 2 x 61 kN |
| Bestellungen | 190 |
| Wichtige Betreiber | Republic, US Airways |
| 1) LR-Variante | |

# Embraer E-Jets

*Die polnische LOT gehört derzeit zu den wichtigsten Kunden der Embraer 175.*

henden „8" wurde so gewählt, dass vier Sitze pro Reihe untergebracht werden konnten.

Wie schon bei vorangegangenen Programmen legte Embraer großen Wert darauf, die Risiken eines solch ambitionierten Vorhabens auf möglichst viele Schultern zu verteilen. So wurden große Teile von Rumpf, Tragflächen und Leitwerken nicht in Brasilien gefertigt, sondern von Risikopartnern wie Gamesa (Spanien), Latecoere (Frankreich) und Kawasaki (Japan) geliefert. Das Fahrwerk wiederum stammte von Liebherr, während Honeywell für die Avionik verantwortlich war. Trotz der Fly-by-Wire-Steuerung und des modernen Glascockpits mit fünf großen Flüssigkristallbildschirmen verzichtete Embraer auf einen Sidestick und baute statt dessen die für das Unternehmen typischen M-förmigen Steuerhörner ein.

Am 29. Oktober 2001, inmitten einer der schlimmsten Krisen, die die Luftfahrt je durchleben musste, wurde im brasilianischen Sao Jose dos Campos der Rollout der Embraer 170 gefeiert.

| EMBRAER 175 | |
|---|---:|
| Erstflug | 14. Juni 2003 |
| Länge | 31,68 m |
| Spannweite | 26,00 m |
| Höhe | 9,73 m |
| Rumpfdurchmesser | 3,01 m |
| Passagiere | 78-86 |
| Max. Abfluggewicht[1] | 38.790 kg |
| Treibstoffvorrat | 9.335 kg |
| Reichweite[1] | 3.521 km |
| Höchstgeschwindigkeit | Mach 0,82 |
| Antrieb | CF34-8E |
| Schub | 2 x 61 kN |
| Bestellungen | 189 |
| Wichtige Betreiber | Air Canada, LOT |
| 1) LR-Variante | |

# Embraer

*Copa Airlines aus Panama war der erste lateinamerikanische Kunde der Embraer 190.*

So nämlich hieß fortan das bislang als ERJ-170 bezeichnete Einstiegsmodell, das bei dieser Gelegenheit gleich noch eine größere, 78-sitzige Schwester namens Embraer 175 erhielt. Aus ERJ-190-100 und ERJ-190-200 wurden analog Embraer 190 und Embraer 195. Der Hersteller wollte mit dieser Namensänderung deutlich machen, dass die E-Jets, wie sie oftmals kurz genannt wurden, nicht nur bei Regionalfluggesellschaften, sondern auch bei den großen Airlines zum Einsatz kommen würden.

Ursprünglich war der Beginn der Auslieferungen noch vor Ende 2002 vorgesehen, doch nach dem Erstflug am 19. Februar 2002 dauerte es noch bis März 2004, ehe die polnische LOT und US Airways (Erstkunde Swiss, ehemals Crossair, hatte zu diesem Zeitpunkt andere Sorgen, als ein neues Muster in Dienst zu stellen) die ersten Embraer 170 übernehmen. Es waren vor allem Probleme mit dem „Fly by Wire"-System, die zu dieser nicht unerheblichen Verzögerung führten und die auch in den ersten Monaten im

| EMBRAER 190 ||
|---|---:|
| Erstflug | 12. März 2004 |
| Länge | 36,24 m |
| Spannweite | 28,72 m |
| Höhe | 10,57 m |
| Rumpfdurchmesser | 3,01 m |
| Passagiere | 94-106 |
| Max. Abfluggewicht[1] | 51.800 kg |
| Treibstoffvorrat | 12.971 kg |
| Reichweite[1] | 4.262 km |
| Höchstgeschwindigkeit | Mach 0,82 |
| Antrieb | CF34-10E |
| Schub | 2 x 82 kN |
| Bestellungen | 519 |
| Wichtige Betreiber | JetBlue, US Airways |
| 1) AR-Variante ||

# Embraer E-Jets

Liniendienst noch nicht vollständig behoben waren.

Entsprechend verschob sich auch die Indienststellung der restlichen Familienmitglieder, wobei auf die Embraer 170 (oftmals einfach E-170 abgekürzt) anders als ursprünglich vorgesehen im Juli 2005 zunächst die Embraer 175 folgte. Im September 2005 übernahm JetBlue, mit einer Festbestellung von 100 Flugzeugen bislang bedeutendster E-Jet-Kunde, die erste Embraer 190, und ein Jahr später wurde schließlich die Embraer 195 bei Flybe aus Großbritannien in Dienst gestellt.

Ungeachtet der anfänglichen Probleme haben sich die E-Jets zwischenzeitlich etabliert, und zwar, wie das Beispiel JetBlue beweist, keinesfalls nur bei Regionalfluggesellschaften. Bei den Verkaufszahlen hat man Bombardier inzwischen deutlich hinter sich gelassen. Es sieht ganz so aus, als sei die von Embraer gewählte Vorgehensweise, eine komplett neue Flugzeugfamilie für den Bereich zwischen 70 und 100 Sitzen zu entwickeln, die richtige gewesen.

| EMBRAER 195 ||
|---|---:|
| Erstflug | 7. Dezember 2004 |
| Länge | 38,65 m |
| Spannweite | 28,72 m |
| Höhe | 10,55 m |
| Rumpfdurchmesser | 3,01 m |
| Passagiere | 106-118 |
| Max. Abfluggewicht[1] | 52.290 kg |
| Treibstoffvorrat | 12.971 kg |
| Reichweite[1] | 3.892 km |
| Höchstgeschwindigkeit | Mach 0,82 |
| Antrieb | CF34-10E |
| Schub | 2 x 82 kN |
| Bestellungen | 105 |
| Wichtige Betreiber | Flybe, Royal Jordanian |

1) AR-Variante

*Die britische Flybe war erster Betreiber des längsten E-Jets, der Embraer 195.*

# Fairchild (Swearingen) Metro — Fairchild

*OLT war lange Jahre einer der wichtigsten europäischen Betreiber der auch „Metroliner" genannten Metro.*

Mit der Metro hatte der amerikanische Flugzeugkonstrukteur Ed Swearingen in den späten sechziger Jahren ein äußerst erfolgreiches Programm entwickelt, das später von Fairchild übernommen wurde. Die Metro basierte auf dem zweimotorigen Geschäftsreiseflugzeug Merlin II, dessen kreisrunder Rumpf mit einer Kabinenhöhe von 1,45 Metern zur Unterbringung von bis zu 19 Passagieren auf gut 18 Meter verlängert wurde. Für den Antrieb sorgten zwei TPE331-Propellerturbinen. Auf diese in nur 18 Exemplaren gefertigte erste Metro folgte die Metro II, bei der man die Kabine zur Reduzierung des Innenlärms modifiziert hatte.

Ab 1981 produzierte Fairchild die Metro III, deren leistungsfähigere Triebwerke, höheres Abfluggewicht und größere Spannweite zu einer besseren Wirtschaftlichkeit beitrugen und diese Version zur erfolgreichsten Variante machten. Das abschließende Serienmuster war die Metro 23, die ihren Namen der Zulassung nach FAR 23 verdankte. Mitte der neunziger Jahre wurde die Entwicklung eines neuen Modells mit höherer Kabine erwogen, aber zuvor stellte Fairchild die Produktion im Jahr 2001 ein, nachdem 605 Metros produziert und ausgeliefert worden waren.

| METRO III | |
|---|---:|
| Erstflug[1] | 26. August 1969 |
| Länge | 18,10 m |
| Spannweite | 17,70 m |
| Höhe | 5,18 m |
| Kabinenbreite | 1,57 m |
| Passagiere | 19 |
| Max. Abfluggewicht | 7.256 kg |
| Treibstoffvorrat | 2.453 l |
| Reichweite | 1.670 km |
| Reisegeschwindigkeit | 507 km/h |
| Antrieb | TPE331-11U |
| Schub | 2 x 1.000 PS |
| Gebaute Exemplare[2] | 605 |
| Wichtigste Betreiber | Perimeter Aviation |
| 1) der Metro  2) Alle Versionen (Metro II/III/23) | |

# Fokker F28 Fellowship

Im Jahr 1960 startete Fokker mit der F28 die Entwicklung ihres ersten Jets. Nachdem das Programm im April 1962 auch offiziell angekündigt worden war, konnte zwei Jahre später mit der Produktion dreier Prototypen begonnen werden, deren erster am 9. Mai 1967 zum Jungfernflug startete. Zertifizierung und Erstauslieferung (an die norwegische Braathens) erfolgten im Februar 1969.

Die F28 war ein frühes Beispiel europäischer Zusammenarbeit, denn die Endmontage erfolgte zwar bei Fokker in Amsterdam, doch große Teile des Flugzeugs wurden von Partnern zugeliefert. So kamen beispielsweise die Tragflächen von Shorts aus Nordirland, während die deutschen Unternehmen HFB (später MBB) und VFW für das Heck und diverse Rumpfsektionen verantwortlich zeichneten.

Die Basisversion der F28 war die Mk1000, die von Spey M 555-15-Turbofans – ohne Schubumkehrsystem – von Rolls-Royce angetrieben wurde und je nach Bestuhlung zwischen 55 und 65 Sitzplätze aufwies. Mit der Mk2000 wurde wenig später eine um 2,21 Meter gestreckte Version für bis zu 79 Passagiere aufgelegt. Basierend auf den Rümpfen von Mk1000 und 2000 wurden die Mk5000 bzw. 6000 mit höherer Reichweite entwickelt, die mit

# Fokker

*Icaro Air aus Ecuador gehörte noch bis vor wenigen Jahren zu den F28-Betreibern.*

Vorflügeln ausgerüstete Tragflächen größerer Spannweite erhielten, jedoch am Markt auf kein Interesse stießen. Eine Mk6600, konzipiert für den japanischen Markt, um weitere 2,21 Meter verlängert und für bis zu 100 Fluggäste ausgelegt, kam nicht über das Planungsstadium hinaus.

Als letzte Versionen entstanden die 3000 und die 4000, die ebenfalls auf den Rümpfen der beiden ersten Versionen 1000 und 2000 basierten. Beide Modelle wurden als konvertierbare Versionen auch mit Frachttoren versehen. Einschließlich einiger militärischer Varianten baute Fokker insgesamt 241 Exemplare der Fellowship.

| F28 MK 4000 | |
|---|---|
| Erstflug[1] | 9. Mai 1967 |
| Länge | 29,61 m |
| Spannweite | 25,07 m |
| Höhe | 8,47 m |
| Kabinenbreite | 3,10 m |
| Passagiere | 85 |
| Max. Abfluggewicht | 33.100 kg |
| Treibstoffvorrat | 13.500 kg |
| Reichweite | 2.250 km |
| Reisegeschwindigkeit | 843 km/h |
| Antrieb | Spey Mk 555-15P |
| Schub | 2 x 44 kN |
| Gebaute Exemplare[2] | 241 |
| Wichtige Betreiber | Merpati Nusantara, AirQuarius, Air Niugini, Icaro Air |

1) Erstflug der ersten F28   2) Alle F28

# Fokker 50

Als Nachfolgemuster für ihre F27 Friendship kündigte Fokker im November 1983 die Entwicklung der Fokker 50 an. Basierend auf demselben Rumpf wie ihr Vorgängermodell, unterschied sie sich von diesem durch die vielen Kabinenfenster, kleine „Foklets" genannte Winglets, ein zweirädriges Bugfahrwerk und größere Triebwerksverkleidungen. Die wichtigsten Neuerungen lagen jedoch in den Turboprop-Triebwerken selbst, den Pratt & Whitney Canada PW125, sowie den großen Sechsblatt-Propellern, die den Treibstoffverbrauch einerseits senkten, Geschwindigkeit und Reichweite andererseits erhöhten. Stellenweise setzte Fokker auch Verbundwerkstoffe ein und stattete ihr neues Muster überdies mit einer dreifachen Hydraulikanlage, neuer Avionik und einem EFIS-Glascockpit aus. Außerdem wurde die Passagiertüre nach vorne gelegt, während die vom Design her überarbeitete Kabine in einer 2-plus-2-Bestuhlung Platz für 50 bis maximal 58 Fluggäste bot. Nachdem zwei Prototypen gebaut worden waren, startete die Fokker 50 im Dezember 1985 zu ihrem Erstflug, erhielt im Mai 1987 ihre Zulassung und wurde ein Vierteljahr später als Basismodell Serie 100 an den Erstkunden Lufthansa CityLine ausgeliefert. Der Prototyp mit dem Kennzeichen PH-OSI gelangte übrigens einige Jahre später in das Aviodrome Museum am niederländischen Flughafen Lelystad.

Schon bald entstanden weitere Versionen wie die -120, die mit insgesamt drei Türen über eine Tür weniger als das

*Mitte der neunziger Jahre übernahm Ethiopian Airlines die erste von fünf Fokker 50, die auf Inlandsrouten eingesetzt wurden.*

# Fokker

Standardmuster verfügte, sowie die 1990 gelaunchte -300, deren stärkere PW127B-Triebwerke eine höhere Reisegeschwindigkeit, bessere Leistungen vor allem unter sogenannten „Hot and High"-Bedingungen und ein höheres Abfluggewicht ermöglichen. Auch ältere Modelle konnten durch Modifizierungen auf den Standard der -300 nachgerüstet werden.

Mitte der neunziger Jahre hatte Fokker noch über eine größere Variante Fokker 60 für bis zu 68 Passagiere nachgedacht. Sie unterschied sich einerseits durch ihre Länge – der Rumpf war um 1,62 Meter gestreckt worden – andererseits durch eine große Frachttür auf der rechten Seite unmittelbar hinter dem Cockpit von der Fokker 50. Allerdings wurden nur mehr vier Exemplare von dieser Version gebaut, die sämtlich an die niederländische Luftwaffe als Transporter ausgeliefert wurden. Der Bau eines fünften Exemplars wurde durch den Konkurs von Fokker im März 1996 unterbrochen.

Die Produktion der Fokker 50 wurde im Jahr 1997 eingestellt, das letzte Exemplar an Ethiopian Airlines im Mai jenes Jahres ausgeliefert. Bis dahin waren 212 Fokker 50 gefertigt und ausgeliefert worden. Gut zehn Jahre später waren noch rund 170 Exemplare bei 30 Fluggesellschaften rund um den Globus im Einsatz, wobei zu den größten Betreibern unter anderem Skyways Express, VLM Airlines oder Denim Air gehörten.

Nach dem Konkurs des Herstellers wurden Flugzeugservice, Reparatur, Wartung und Ersatzteilversorgung von der zum niederländischen Stork-Konzern gehörenden Fokker Services übernommen.

| FOKKER 50 | |
|---|---|
| Erstflug | 28. Dezember 1985 |
| Länge | 25,25 m |
| Spannweite | 29,00 m |
| Höhe | 8,32 m |
| Kabinenbreite | 2,50 m |
| Passagiere | 50-58 |
| Max. Abfluggewicht | 20.820 kg |
| Treibstoffvorrat | 4.120 kg |
| Reichweite | 2.250 km |
| Reisegeschwindigkeit | 522 km/h |
| Antrieb | PW125B |
| Leistung | 2 x 2.500 PS |
| Auslieferungen | 212 |
| Wichtige Betreiber | KLM Cityhopper, Air Baltic, Ethiopian Airlines |

# Fokker 70

Nachdem Marktstudien für die Jahre vor und nach der Jahrtausendwende einen erhöhten Bedarf an Regionaljets in der Größenordnung zwischen 70 und 125 Sitzen ergeben hatten, entschloss sich Fokker im November 1992 zum Programmstart für einen 70-Sitzer, ohne auch nur über eine einzige Bestellung für einen derartigen Jet zu verfügen. Als Nachfolger für die von der Konzeption bereits fast dreißig Jahre alte Fokker 28 war der Rumpf des neuen Jetmusters nur unwesentlich länger als der der 28-4000, auf dem wiederum die Fokker 100 basiert hatte. Für ein erstes Exemplar wurde daher der Prototyp der Fokker 100 um zwei Spanten, je einer vor und hinter den Tragflügeln, gekürzt. Der Bau des Prototypen hatte bereits im Oktober 1992, bevor das Programm überhaupt gestartet worden war, begonnen, so dass der Erstflug schon am 4. April des folgenden Jahres erfolgte. Mitte Oktober 1994 erhielt der Jet seine Zulassung und wurde noch im gleichen Monat in der Executive-Version an den US-Automobilhersteller Ford ausgeliefert.

Für US-Betreiber wurden die Versionen 70A und 70ER entwickelt, deren Zusatzsatztanks die Reichweite der Standardversion erhöhten. Da Fokker rund um ihr Modell 100 eine komplette Jetfamilie aufbauen wollte, wurde die 70 im Design so nahe wie möglich an der 100 gehalten. So verfügte sie über nahezu identische Flügel, den gleichen, wenn auch kürzeren Rumpf und dieselben Systeme. Das Flugdeck dagegen wurden in zwei Varianten angeboten: Ein Cockpit-Layout war auf die Anforderungen von Regionalfluggesellschaften zugeschnitten, das andere war identisch mit dem der Fokker 100, um den Betreibern beider Flugzeugmuster volle Kommunalität zu gewährleisten. Darüber hinaus wurden beide Muster vom gleichen Triebwerk, dem Tay 620 von Rolls-Royce, angetrieben. Diese Gemeinsamkeiten erlaubten dem Hersteller eine einheitliche Montagelinie für die beiden Flugzeugmuster.

1997, ein Jahr nach dem Konkurs, stellte Fokker die Produktion der Fokker 70 ein. Nur 47 Exemplare waren gebaut worden, von denen gut zehn Jahre später noch fast alle bei rund zehn Be-

# Fokker

*Mit neun Flugzeugen ist Tyrolean Airways, die unter dem Namen Austrian Arrows fliegt, einer der wichtigsten Fokker-70-Betreiber.*

treibern eingesetzt wurden, unter anderem bei KLM Cityhopper, Austrian Airlines, Vietnam Airlines oder den Regierungen von Kenia und der Niederlande.

Bereits 1998 hatte das niederländische Unternehmen Rekkof angekündigt, die Produktion von Fokker 70 und 100 wieder aufzunehmen zu wollen. Knapp zehn Jahre später war dies noch immer nicht der Fall gewesen, doch nun wollte man die Flugzeuge als Fokker 70 / 100 NG (New Generation) weitgehend modernisieren und angeblich in Indien produzieren sowie inklusive eines Support-Pakets vertreiben, um die Wartungskosten unter die der klassischen Fokker 70 und 100 zu drücken. Bei Drucklegung dieses Buches waren jedoch nach wie vor keine näheren Einzelheiten bekannt.

| FOKKER 70 | |
|---|---:|
| Erstflug | 4. April 1993 |
| Länge | 30,91 m |
| Spannweite | 28,08 m |
| Höhe | 8,51 m |
| Kabinenbreite | 3,10 m |
| Passagiere | 79 |
| Max. Abfluggewicht | 36.955 kg |
| Treibstoffvorrat | 9.600 l |
| Reichweite | 2.010 km |
| Reisegeschwindigkeit | 856 km/h |
| Antrieb | Tay 620 |
| Schub | 2 x 61,6 kN |
| Gebaute Exemplare | 47 |
| Wichtige Betreiber | Austrian Airlines, KLM Cityhopper, Vietnam Airlines |

# Fokker 100

Zeitgleich mit der Entwicklung der Fokker 50 kündigte Fokker im November 1983 ihr Programm für einen 100-Sitzer an, der eine Weiterentwicklung des Kurzstreckenjets F28 mit erhöhter Reichweite werden sollte. Die wesentlichen Änderungen zum Vorläufermodell lagen in der um 5,7 Meter gestreckten Zelle, deren Kabine bis zu 122 Passagieren Platz bot, und einer um drei Meter größeren Spannweite der aerodynamisch überarbeiteten Tragflügel, was die Wirtschaftlichkeit des Jets um 30 Prozent erhöhen sollte. Außerdem wurden die Spey-Triebwerke der F28 durch den moderneren und leiseren Antrieb Tay Mk 620-15 oder optional Mk 650, ebenfalls von Rolls Royce, ersetzt, um den Lärmbeschränkungen der Kategorie III zu genügen. Die Neuerungen, die auch ein um elf Tonnen gesteigertes Abfluggewicht einschlossen, erforderten außerdem, die Flugzeugzelle in den tragenden Bereichen sowie die Druckkabine und die Hydraulik zu verstärken. Ein EFIS-Glascockpit und eine modernere Kabinengestaltung rundeten das Programm ab. Der Prototyp ging am 30. November 1986 erstmals in die Luft, ziemlich genau ein Jahr später erfolgte die Zertifizierung, und Erstkunde Swissair, der mit der Fokker 100 alte DC-9 ersetzen wollte, konnte den Jet aus den Niederlanden im Februar 1988 in Dienst stellen. Auch bei Fluggesellschaften aus Nord- und Südamerika wie American Airlines, US Airways (damals noch US Air) oder TAM stieß das Flugzeug auf große Resonanz.

# Fokker

*Die Contact-Air-Flotte besteht ausschließlich aus Fokker 100, die im Auftrag von Lufthansa und Swiss betrieben werden.*

Die Fokker 100 erfuhr zahlreiche Modifizierungen, die ein größeres Abfluggewicht ermöglichten. Außerdem entstanden 1993 eine „Extended Range" mit zusätzlichen Tanks in den Flügeln, 1994 eine Quick-Change-Version, ein Frachter sowie eine VIP-Variante. Und eigentlich sollte sie die Basis für eine komplette Flugzeugfamilie liefern, doch es wurde nur noch die kürzere Fokker 70 entwickelt, während eine größere Version, genannt Fokker 130, mit bis zu 130 Sitzen nicht mehr realisiert werden konnte. Die Produktion wurde Anfang 1997 nach 278 Exemplaren eingestellt, nachdem Fokker im März 1996 in Konkurs gegangen war. Der Hersteller hatte dennoch fast 300 Bestellungen für seinen größten Jet, davon überraschend viele aus den USA, verzeichnen können. Im ersten Jahrzehnt des 21. Jahrhunderts haben die US-Fluggesellschaften ihre Fokker 100 ausgemustert. Dennoch befindet sich das Flugzeug nach wie vor rund um den Erdball bei über 30 Betreibern, hauptsächlich Regionalfluggesellschaften, im Einsatz.

Die Musterzulassung für das Flugzeug, ebenso wie für die Fokker 70, lag seit 1997 bei Fokker Services, die auch für Wartung und Service verantwortlich zeichnete. Fokker Services hat im Jahr 2003 auch eine Fokker 100EJ (Executive Jet) als Business-Jet-Variante eingeführt und plante zudem eine F100CS (Future100 Corporate Shuttle) für 42 bis 56 Fluggäste, die ebenfalls von Tay-650-Triebwerken angetrieben wurde und bei einer Reichweite von 6.000 Kilometern auch für Transatlantikflüge eingesetzt werden konnte.

| FOKKER 100 | |
|---|---:|
| Erstflug | 30. November 1986 |
| Länge | 35,53 m |
| Spannweite | 28,08 m |
| Höhe | 8,50 m |
| Kabinenbreite | 3,10 m |
| Passagiere | 122 |
| Max. Abfluggewicht | 44.450 kg |
| Treibstoffvorrat | 20.293 kg |
| Reichweite | 2.330 km |
| Reisegeschwindigkeit | 856 km/h |
| Antrieb | Tay 650 |
| Schub | 2 x 67,2 kN |
| Gebaute Exemplare | 278 |
| Wichtige Betreiber | Air Niugini, Helvetic, Iran Air, Portugalia |

# Iljuschin IL-62

*Diese reichlich mitgenommen aussehende Iljuschin IL-62M gehört der Regierung von Gambia.*

Die IL-62, obgleich äußerlich eine fast exakte Kopie der recht erfolglosen britischen Vickers VC-10, hat ihr offensichtliches Vorbild hinsichtlich der Produktionszahlen weit hinter sich gelassen und war über lange Jahre das Standard-Langstreckenflugzeug in der Sowjetunion und anderen Ländern des ehemaligen Ostblocks. Sie blieb es selbst nach Erscheinen der IL-86, deren Reichweite im Vergleich zur IL-62 vielfach zu gering war.

Der Prototyp dieses neuen Musters, das die Turboprop-getriebene TU-114 ablösen sollte, wurde erstmals im September 1962 in Moskau der Öffentlichkeit vorgestellt und absolvierte am 3. Januar des folgenden Jahres seinen Erstflug unter Leitung von Testpilot V. K. Kokkinaki. Der Prototyp, der später im Verlauf der Erprobung abstürzte, war allerdings deutlich untermotorisiert, da die vorgesehenen NK-8-4-Turbofan-Triebwerke von Kusnezow noch nicht zur Verfügung standen und statt dessen schwächere AL-7-Turbojets von Ljulka genutzt werden mussten.

Es sollte dann noch bis zum September 1967 dauern, eh die IL-62 bei Aeroflot auf dem nationalen und internationalen Streckennetz in Dienst gestellt wurde. Erst nachdem der unmittelbare Aeroflot-Bedarf gestillt war, begannen auch die Auslieferungen an Fluggesellschaften befreundeter Staaten, darunter die Interflug der DDR.

Zu den Neuerungen des Langstreckenflugzeugs gehörten nicht nur die Triebwerksanordnung mit jeweils zwei Motoren paarweise an jeder Seite des

# Iljuschin

Hecks, von denen jeweils die äußeren mit einer Schubumkehr ausgestattet waren, sondern auch die Avionikausrüstung, die Allwettereinsätze möglich machte. Zudem waren die wichtigsten Systeme an Bord redundant, d. h. zumindest zweifach ausgelegt. Anders als die britische VC-10 verfügte die IL-62 nicht über Vorflügel, was den Nachteil vergleichsweise hoher Anfluggeschwindigkeiten mit sich brachte. Zu den auffälligen äußeren Merkmalen des Iljuschin-Langstreckenjets gehörte ein Stützrad am Heck, das ein Umkippen des Flugzeugs beim Beladen verhindern sollte. Die IL-62 verfügte über eine fünfköpfige Cockpitbesatzung und bot bei sechs Sitzen pro Reihe in der Regel bis zu 186 Passagieren Platz. Da die IL-62 nicht nur innerhalb der Sowjetunion beziehungsweise auf Routen in befreundete Staaten eingesetzt wurde, sondern beispielsweise auch Moskau und New York verband, erhielten einige Exemplare eine Zwei-Klassen-Bestuhlung mit zwölf Sitzen in der First und 138 in der Economy Class.

Auf der Pariser Luftfahrtausstellung 1971 wurde eine verbesserte und als IL-62M bezeichnete Version vorgestellt, die ab Mitte der siebziger Jahre von Aeroflot im Liniendienst eingesetzt wurde. Iljuschin hatte die ursprünglichen NK-8-4-Triebwerke durch stärkere und sparsamere D-30KU von Solowjew ersetzt sowie zusätzliche Tanks im Seitenleitwerk installiert. Dadurch konnte die Reichweite auf bis zu 10.000 Kilometer gesteigert werden.

Die IL-62MK, die ab 1978 die IL-62M ablöste, unterschied sich im Wesentlichen nur durch ein auf 167 Tonnen gesteigertes maximales Abfluggewicht von ihrer Vorgängerin, wobei die Flugzeuge offiziell nach wie vor als IL-62M bezeichnet wurden. Eine Anfang der siebziger Jahre geplante Variante für bis zu 250 Passagiere (IL-62M-250) wurde dagegen nie realisiert.

Die Produktion des Langstreckenjets endete 1994, und bei nahezu allen Fluggesellschaften sind die IL-62 inzwischen durch modernere, zumeist westliche Muster abgelöst worden. Eingesetzt werden sie gegenwärtig unter anderem noch von der nordkoreanischen Air Koryo und in ihrem Heimatland von der staatlichen Rossija, doch die Tage des eleganten Vierstrahlers sind definitiv gezählt.

| IL-62M | |
|---|---:|
| Erstflug[1] | 3. Januar 1963 |
| Länge | 53,12 m |
| Spannweite | 42,5 m |
| Höhe | 12,35 m |
| Rumpfdurchmesser | 3,75 m |
| Passagiere | 168-186 |
| Max. Abfluggewicht | 167.000 kg |
| Treibstoffvorrat | 105.300 l |
| Reichweite | 8.300 km |
| Reisegeschwindigkeit | 870 km/h |
| Antrieb | D30-KU |
| Schub | 4 x 108 kN |
| Bestellungen | 282 |
| Wichtigste Betreiber | Aeroflot, Air Koryo, Cubana |

1) Erstflug des ursprünglichen Modells IL-62

# Iljuschin IL-86

*Eine IL-86 in den Farben der Vaso Airlines.*

Die Iljuschin IL-86 war das sowjetische Großraumflugzeug. Es entstand ab Ende der sechziger Jahre vor allem aus der Notwendigkeit heraus, dem zu diesem Zeitpunkt auch auf dem Gebiet der UdSSR stark zunehmenden Flugverkehr Herr zu werden. Verlangt wurde, dass das neue Muster die vorhandene Infrastruktur und die existierenden Bodenabfertigungsgerätschaften nutzen konnte. Auf der Pariser Luftfahrtausstellung im Jahr 1971 wurde erstmals öffentlich über das Vorhaben berichtet, allerdings dauerte es noch bis zum 22. Dezember 1976, ehe der erste Prototyp zu seinem Jungfernflug startete. Am 25. Oktober 1977 folgte der Erstflug des ersten Serienflugzeugs, aber erst 1980 wurde die im Normalfall ca. 350 Fluggäste fassende IL-86 auf Aeroflot-Strecken eingesetzt. Der Rumpf des auch als „Aerobus" bezeichneten Musters übertraf mit einer Breite von mehr als sechs Metern sogar die der europäischen Airbus-Großraumflugzeuge, so dass normalerweise neun Sitze pro Reihe installiert wurden. Ursprünglich war vorgesehen, die Triebwerke wie bei der IL-62 am Heck zu installieren, doch schließlich wanderten sie – erstmals bei einem sowjetischen Düsenverkehrsflugzeug – unter die Tragflächen. Auch sonst zeichnete sich die IL-86 durch ein zeitgemäßes Design – wozu auch ein mit nur noch drei Personen besetztes Cockpit gehörte – und die Verwendung moderner Materialien aus. Allerdings litt sie doch unter der Nichtverfügbarkeit fortschrittlicher Turbofantriebwerke mit hohem Neben-

# Iljuschin

stromverhältnis. Die vier Kusnetzow NK-86 waren zwar leistungsfähiger und moderner als die NK-8-4 der IL-62, verbrauchten aber immer noch vergleichsweise viel Treibstoff, so dass die Reichweite allenfalls Mittelstreckenflüge gestattete. Allerdings hatte Aeroflot, wichtigster Betreiber des außerhalb der UdSSR nur von China Xinjiang Airlines eingesetzten Modells, aufgrund des geringen Passagieraufkommens zum Beispiel nach Nordamerika auch kaum Bedarf an wirklichen Langstreckenflugzeugen in dieser Größe und mit dieser Kapazität.

## Neuer Anlauf

Eine Besonderheit stellten die ausklappbaren Treppen dar, die es ermöglichten, an Plätzen ohne Fluggastbrücken durch eine Tür im Unterdeck über den Gepäckraum – mit Ablageregalen für Handgepäck (!) – und eine fest installierte weitere Treppe in die Kabine zu gelangen.

Trotz des grundsätzlich modernen Konzepts und der großen Kapazität des Flugzeugs wurden im Fertigungswerk Woronesch bis 1994 gerade einmal gut 100 Iljuschin IL-86 gebaut. Die durstigen und zudem recht lauten Triebwerke machten den Jet zunehmend unattraktiv. Pläne für eine Umrüstung auf westliche CFM56-Triebwerke, um die Lärmgrenzwerte nach Stage 3 einzuhalten und die Reichweite zu vergrößern, wurden zwar mehrfach diskutiert, aber letztlich nie realisiert.

Bei Drucklegung dieses Buches waren die Iljuschin IL-86 vollständig aus dem kommerziellen Luftverkehr verschwunden; einige wenige militärische Exemplare standen noch im Einsatz. ■

| IL-86 | |
|---|---:|
| Erstflug | 22. Dezember 1976 |
| Länge | 59,54 m |
| Spannweite | 48,06 m |
| Höhe | 15,50 m |
| Rumpfdurchmesser | 6,08 m |
| Passagiere | 350 |
| Max. Abfluggewicht | 206.000 kg |
| Treibstoffvorrat | 83.676 l |
| Reichweite | 3.800 km |
| Reisegeschwindigkeit | 900 km/h |
| Antrieb | NK-86 |
| Schub | 4 x 127 kN |
| Bestellungen | > 100 |
| Wichtigste Betreiber | Aeroflot |

# Iljuschin IL-96

*Eine Iljuschin IL-96-300 der Aeroflot auf dem Moskauer Flughafen Scheremetjewo.*

Da sich die IL-86 als nicht konkurrenzfähig gegenüber westlichen Mustern erwies, machte man sich bei Iljuschin Mitte der achtziger Jahre Gedanken über ein moderneres Nachfolgemuster mit größerer Reichweite. Trotz einer großen optischen Nähe zur IL-86 war die IL-96, die am 28. September 1988 unter dem Kommando von Testpilot S. G. Bliznuk zum ersten Mal startete, in vielen Punkten ein völlig neues Flugzeug. So beispielsweise dank der Tragflächen mit superkritischem Profil, erheblich größerer Spannweite und auffälligen Winglets, wegen des – allerdings immer noch für den Drei-Mann-Betrieb ausgelegten – Glascockpits mit sechs großen Bildschirmen und nicht zuletzt aufgrund der elektronischen Flugsteuerung („Fly by Wire"), wobei nach wie vor ein mecha-

| IL-96-300 ||
|---|---:|
| Erstflug | 28. September 1988 |
| Länge | 55,35 m |
| Spannweite | 57,66 m |
| Höhe | 17,55 m |
| Rumpfdurchmesser | 6,08 m |
| Passagiere | 235-300 |
| Max. Abfluggewicht | 240.000 kg |
| Treibstoffvorrat | 152.620 l |
| Reichweite | 9.000 km |
| Reisegeschwindigkeit | 870 km/h |
| Antrieb | PS-90A |
| Leistung | 4 x 157 kN |
| Wichtige Betreiber | Aeroflot, Cubana |

# Iljuschin

nisches Backup-System vorhanden war. Als Antrieb wählte man die vergleichsweise modernen PS-90-Triebwerke von Awiadwigatel, die auch bei der etwa zeitgleich entstandenen Tupolew TU-204 zum Einsatz kamen. Der Einsatz von modernen Technologien sowohl beim Entwurf als auch bei der Fertigung sollte sicherstellen, dass die IL-96 den Anforderungen hinsichtlich Passagierkomfort einerseits und Umweltbestimmungen andererseits genügte und zudem Anflüge nach Kategorie IIIA möglich wurden.

1993 wurden die ersten Exemplare in Dienst gestellt, doch die Hoffnung, dass die IL-96, die bei einer Drei-Klassen-Bestuhlung mit 219 Sitzen über eine stolze Reichweite von rund 13.000 Kilometern verfügte und deren Anschaffungspreis deutlich unter dem vergleichbarer westlicher Muster wie A330/A340 und 777 lag, zumindest bei den Aeroflot-Nachfolgegesellschaften sowie in China und Kuba die Nachfolge der IL-62 antreten würde, erfüllte sich nicht. Nur wenig mehr als ein Dutzend Exemplare konnte ausgeliefert werden.

### Versuch mit westlichen Triebwerken

Daran sollte sich auch mit Vorstellung der „verwestlichten" Version IL-96M/T (Passagier- beziehungsweise Frachtversion) nichts ändern, bei der die vier PS-90-Triebwerke durch solche des Typs Pratt & Whitney PW2337 ersetzt wurden und im Cockpit dank Rockwell-Collins-Avionik nur noch zwei Besatzungsmitglieder notwendig waren. Durch eine Rumpfstreckung stieg die Passagierkapazität, so dass die IL-96M in etwa so viele Fluggäste zu befördern vermochte wie die IL-86. Finanzierungsprobleme ließen das Vorhaben jedoch Anfang des 21. Jahrhunderts scheitern, und nur je ein Exemplar wurden produziert, wobei es sich bei der IL-96M um den modifizierten IL-96-300-Prototypen handelte.

### Neuer Anlauf

Der wurde anschließend wieder mit PS90A-Triebwerken sowie russischer Avionik ausgestattet und fortan als IL-96-400 bezeichnet. Der Langstreckenjet sollte bis zu 436 Passagiere rund 10.000 Kilometer weit befördern können, allerdings rechneten sich Iljuschin beziehungsweise das Herstellerwerk VASO in Woronesch größere Verkaufschancen für den Nurfrachter IL-96-400T aus, für den im Gegensatz zur – mittlerweile eingestellten – Passagierversion immerhin einige Absichtserklärungen vorliegen.

| IL-96-400 | |
|---|---:|
| Länge | 63,94 m |
| Spannweite | 60,11 m |
| Höhe | 15,72 m |
| Rumpfdurchmesser | 6,08 m |
| Passagiere | 315-436 |
| Max. Abfluggewicht | 265.000 kg |
| Treibstoffvorrat | 152.620 l |
| Reichweite | 10.000 km |
| Reisegeschwindigkeit | 870 km/h |
| Antrieb | PS-90A |
| Leistung | 4 x 157 kN |

# Iljuschin IL-114 — Iljuschin

Die IL-114 wurde entwickelt, um die in großer Zahl im Einsatz stehenden AN-24 sowie die dreistrahligen Jets Jak-40 durch ein moderneres und ökonomischeres Flugzeug abzulösen. Mitte der achtziger Jahre begannen daher bei Iljuschin Arbeiten an einem 60- bis 70-sitzigen Turboprop, der – anders als die meisten vergleichbaren Regionalflugzeuge in Europa oder Nordamerika – zudem in der Lage sein musste, von unbefestigten und unter Umständen sehr kurzen Pisten in ländlichen Gegenden zu operieren. Um diese Anforderungen zu erfüllen, erhielt die IL-114, deren Prototyp am 29. März 1990 den Erstflug absolvierte, eine eingebaute Passagiertreppe und eine Hilfsgasturbine (APU). Zwei TB7-117C-Propellerturbinen von Klimow sorgten für den Antrieb. Der kreisrunde Rumpf bot bei einer Bestuhlung mit vier Sitzen pro Reihe Platz für 64 Fluggäste. Die Piloten saßen in einem modernen Glascockpit mit fünf großen Bildschirmen.

Das Testprogramm verzögerte sich, nicht zuletzt bedingt durch den Absturz eines Prototypen, so dass die Zulassung erst im April 1997 erteilt wurde. Zweieinhalb Jahre später folgte die Zertifizierung der IL-114-100, bei der die TB7-117C-Triebwerke durch PW127H von Pratt & Whitney Canada ersetzt wurden. Zusätzlich erhielt das Flugzeug westliche Avionikkomponenten von Sextant aus Frankreich. Trotz aller Verkaufsbemühungen wurden bislang nur wenige Exemplare der im usbekischen Taschkent gefertigten IL-114 bestellt. ■

| IL-114-100 | |
|---|---:|
| Erstflug[1] | 26. Januar 1999 |
| Länge | 26,88 m |
| Spannweite | 30,00 m |
| Höhe | 9,32 m |
| Rumpfdurchmesser | 2,86 m |
| Passagiere | 64 |
| Max. Abfluggewicht | 23.500 kg |
| Treibstoffvorrat | 8.360 l |
| Reichweite | 1.400 km |
| Reisegeschwindigkeit | 500 km/h |
| Antrieb | PW127H |
| Leistung | 2 x 2.645 PS |
| Wichtige Betreiber | Uzbekistan Airways, Vyborg |

1) Erstflug der IL-114: 29. März 1990

Die IL-114-100 verfügt über PW127-Triebwerke von Pratt & Whitney Canada.

# Jakowlew Jak-40

*Diese Jakowlew Jak-40 gehört der Ak Bars Aero aus der russischen Republik Tatarstan.*

Lange vor dem Dornier 328JET entstanden, darf die Jak-40 das Privileg für sich in Anspruch nehmen, der erste 30-sitzige Regionaljet gewesen zu sein. Ebenso wie auch die AN-24 war sie als Ablösung der noch immer zahlreich fliegenden Kolbenmotor-Muster Li-2, IL-12 und IL-14 vorgesehen. Über 1.000 Exemplare wurden zwischen 1966 und dem Auslaufen der Produktion Anfang der achtziger Jahre gefertigt, von denen die meisten bei Aeroflot im Einsatz standen.

Mit ihren drei Turbojet-Triebwerken – und einem entsprechenden Treibstoffverbrauch, der den Betrieb eines solchen Flugzeugs für westliche Betreiber absolut unmöglich gemacht hätte –, den ungepfeilten, niedrig belasteten Tragflächen, der eingebauten Treppe und der Hilfsgasturbine war die Jak-40 das optimale Fluggerät auf kurzen Regionalstrecken in den ländlichen Gegenden der Sowjetunion, wo sie auch von Graspisten oder ähnlich unbefestigten Landebahnen aus eingesetzt werden konnte. 1968 erstmals in Dienst gestellt, ist die Jak-40 auch heute noch in beträchtlicher Zahl auf den Flughäfen der GUS-Staaten zu sehen, obwohl die Zahl der Betreiber aufgrund des sehr hohen Treibstoffverbrauchs in den vergangenen Jahren natürlich gesunken ist. Viele Jak-40 wurden zwischenzeitlich zu Businessjets umgerüstet.

| JAK-40 | |
|---|---:|
| Erstflug | 21. Oktober 1966 |
| Länge | 20,36 m |
| Spannweite | 25,00 m |
| Höhe | 6,50 m |
| Kabinenbreite | 2,15 m |
| Passagiere | 32 |
| Max. Abfluggewicht | 16.100 kg |
| Treibstoffvorrat | k.A. |
| Reichweite | 1.280 km |
| Reisegeschwindigkeit | 550 km/h |
| Antrieb | AI-25 |
| Schub | 3 x 14,7 kN |
| Bestellungen | 1.010 |
| Wichtigste Betreiber | Aeroflot |

# Jakowlew Jak-42

Wenngleich die Jak-42 äußerlich stark an die kleinere Jak-40 erinnerte und auch über einige vergleichbare Ausstattungsmerkmale wie die eingebaute Treppe verfügte, stellte sie doch ein völlig neues Flugzeug für einen anderen Aufgabenbereich dar. Geplant als Ersatz vor allem der TU-134, die sie allerdings niemals vollständig von der Bildfläche verdrängen konnte, entsprach sie von Kapazität und Leistungsfähigkeit her in etwa der Boeing 737-200. Die Konfiguration mit drei Triebwerken, in diesem Fall das D-36 von Lotarew bzw. Iwtschenko Progress, wurde beibehalten, um Kurzstarteigenschaften und Zuverlässigkeit im Betrieb zu gewährleisten. Zur Erzielung einer gegenüber der Jak-40 erheblich gesteigerten Reisegeschwindigkeit war eine – wenngleich mit elf Grad recht moderate – Pfeilung der Tragflächen vorgesehen, und um das Abfluggewicht von mehr als 50 Tonnen besser zu verteilen, erhielt das Flugzeug ein zwillingsbereiftes Hauptfahrwerk. Die Arbeiten an diesem neuen Kurzstreckenjet begannen Anfang der siebziger Jahre, doch nach dem Erstflug 1975 sollte noch ein halbes Jahrzehnt vergehen, ehe die Jak-42 schließlich 1980 von Aeroflot in den Liniendienst übernommen wurde. Grund für die Verzögerung waren einerseits Probleme mit den Dreiwellen-Turbofan-Triebwerken, andererseits die Notwendigkeit, die Flügelpfeilung erheblich auf letztlich 23 Grad zu vergrößern.

### Jak-42D mit größerer Reichweite

Eine Reihe technischer Probleme und mindestens ein Absturz führten allerdings dazu, dass noch einige Jahre ins Land gingen, ehe die Jak-42 in größe-

*Caspian Airlines aus Iran gehörte zeitweilig zu den Betreibern der Jakowlew Jak-42D.*

# Jakowlew

rem Umfang eingesetzt wurde. Im Gegensatz zu anderen in der UdSSR entwickelten Flugzeugmustern wurde die Jak-42 nicht exportiert und fand erst nach dem Zusammenbruch der Sowjetunion auch den Weg zu ausländischen Fluggesellschaften.

Die ab 1988 produzierte Standardversion Jak-42D unterschied sich vom Ausgangsmodell durch ein auf 57,5 Tonnen erhöhtes maximales Abfluggewicht und eine dementsprechend auf bis zu 1.960 Kilometer (bei voll besetzter Kabine) vergrößerte Reichweite.

Ebenso wie die anderen Konstruktionsbüros untersuchte auch Jakowlew die Möglichkeit, die Attraktivität der Jak-42 durch den Einbau westlicher Komponenten zu erhöhen. 1993 wurde erstmals eine Jak-142 (oder Jak-42D-100) mit einem von AlliedSignal gelieferten Glascockpit vorgestellt, allerdings blieb es bislang – offiziell wird die Jak-42 nach wie vor angeboten – bei diesem einen Flugzeug.

Nicht realisiert wurden Pläne für eine ab Mitte der neunziger Jahre entwickelte Jak-242. Obwohl die Bezeichnung eine enge Verwandtschaft vermuten ließ, handelte es sich dabei um ein völlig neues Flugzeug, das zwar den Rumpfquerschnitt der Jak-42 aufwies, aber in einer gestreckten Kabine bis zu 180 Passagiere befördern sollte und als Antrieb zwei unter den Tragflächen montierte und jeweils 117 kN Schub liefernde PS-90A12-Triebwerke aufwies.

Mit rund 200 produzierten Exemplaren blieb die Jak-42 deutlich hinter den Erwartungen des Herstellers zurück. Heute wird das Muster noch bei einer ganzen Reihe zumeist kleinerer und vor allem russischer Fluggesellschaften eingesetzt. ∎

| JAK-42D | |
|---|---:|
| Erstflug[1] | 26. Dezember 1975 |
| Länge | 36,38 m |
| Spannweite | 34,20 m |
| Höhe | 9,80 m |
| Kabinenbreite | 3,60 m |
| Passagiere | 90-126 |
| Max. Abfluggewicht | 57.500 kg |
| Treibstoffvorrat | k.A. |
| Reichweite | 2.790 km |
| Reisegeschwindigkeit | 750 km/h |
| Antrieb | D-36 |
| Schub | 3 x 63,8 kN |
| Bestellungen | > 180 |
| Wichtigste Betreiber | Aeroflot |
| 1) Erstflug der ursprünglichen Jak-42 | |

# Let L 410 Turbolet

*Die philippinische South East Asian Airlines war mit bis zu neun L 410 UVP-E einer der wichtigsten Betreiber.*

Der zweimotorige Turboprop Let L 410 Turbolet wurde von dem tschechischen Hersteller zunächst als Zubringer von unbefestigten Pisten vor allem für den Einsatz in der ehemaligen Sowjetunion konzipiert. Die ersten Studien für den 15-Sitzer erfolgten 1966, doch Schwierigkeiten mit dem vorgesehenen Antrieb, dem Walter bzw. Motorlet M601, verzögerten die Entwicklung, so dass Let schließlich auf das bewährte PT6A von Pratt & Whitney Canada auswich. Probleme bereiteten auch die Dreiblattpropeller, die eine unregelmäßige Vibration der Zelle sowie einen hohen Lärmpegel in der Kabine verursachten, was erst durch den Einsatz eines Vierblattpropellers behoben werden konnte. 1970 konnte Let mit der serienmäßigen Produktion beginnen, wobei das PT6-Triebwerk bis 1973 der Standardantrieb der L 410 blieb. Doch mit der Verfügbarkeit des ursprünglich vorgesehenen M601 erfolgte die erste Änderung des Flugzeugs, das ab 1973 als L 410M vermarktet wurde. 1979 erfolgte eine weitere Modifizierung zur Let L 410 UVP. Dabei wurden der Rumpf um 47 Zentimeter gestreckt, die Spannweite erhöht, das Seitenleitwerk erweitert und die Kabinentür vergrößert. Angetrieben wurde die UVP von den stärkeren M601B, während die Passagierkapazität unverändert blieb.

Die Produktion dieser Version wurde 1985 nach 495 gebauten Exemplaren zugunsten der Variante L 410 UVP-E für 19 Fluggäste eingestellt. Der Platz für die weiteren vier Sitze wurde durch eine Verlagerung der Bordtoiletten und der Gepäckfächer geschaffen. Zudem erhielt die UVP-E einen Fünfblatt-Propeller. Zusätzlich entstanden mit der

UVP-E9 und der UVP-E20 zwei Unterversionen, die sich – eine Folge leicht variierender Anforderungen bei den verschiedenen nationalen Zertifizierungen – jedoch nur marginal unterscheiden. Das gilt auch für die FAA-zertifizierte L 420 (die L 410 UVP-E verfügt „nur" über die EASA- und diverse nationale Zulassungen), die Anfang der neunziger Jahre vorrangig für den Einsatz nach westlichen Standards entwickelt wurde. Auch sie verfügte über hervorragende Leistungen unter „Hot and High"-Bedingungen sowie Kurzstart- und -landeeigenschaften. Und wie der Let 410 UVP konnten ihr weder arktische Kälte noch Gluthitze etwas anhaben.

Bis 2011 waren weit über 1.000 Exemplare der Let L 410/420 gebaut worden, und mehr als 400 befanden sich weltweit im Einsatz.

Im Sommer 1983 gab Let die Entwicklung der L 610 auf Basis der L 410 bekannt. Der um sieben Meter gestreckte Rumpf mit Druckkabine bot Platz für 40 Passagiere, während die neu entwickelten Motorlet-M-602-Turbopropmotoren mit Vierblattpropellern den Antrieb lieferten. Wie das kleinere Schwestermodell war die 610 in erster Linie für Zubringerdienste der Aeroflot von relativ rauhen Pisten konzipiert. Das Basismodell L 610M startete am 28. Dezember 1988 zu seinem Erstflug, die Auslieferung der ersten von 500 für Aeroflot vorgesehenen Exemplare begann 1991.

Noch im selben Jahr stoppte Let weitere Auslieferungen, da man nur noch gegen westliche Währung liefern wollte. Zudem erkannte der Hersteller, dass er seine Flugzeuge auf westlichen Standard umrüsten musste, da der russische Markt nach dem Zusammenbruch der Sowjetunion nicht mehr genügend Absatzmöglichkeiten bot.

Ausgestattet mit CT7-Triebwerken von General Electric und Collins-Pro-Line-Avionik optimierte Let mit der L 610G den Turboprop für den westlichen Markt. Der Erstflug der neuen Version fand nur vier Jahre nach dem der 610M im Dezember 1992 statt, die FAA-Zertifizierung erfolgte 1997. Allerdings blieb das Interesse westlicher Fluggesellschaften eher bescheiden, und Anfang 2006 stellte der neue Eigentümer des Let-Werks die Produktion der 610 ein. ■

| L 410 UVP/L 420 | |
|---|---:|
| Erstflug[1] | 16. April 1969 |
| Länge | 14,42 m |
| Spannweite | 19,48 m |
| Höhe | 5,83 m |
| Kabinenbreite | 1,96 m |
| Passagiere | 17-19 |
| Max. Abfluggewicht | 6.600 kg |
| Treibstoffvorrat | 1.300 kg |
| Reichweite | 1.318/1.354 km |
| Reisegeschwindigkeit | 380/388 km/h |
| Antrieb | M 601E |
| Schub | 2 x 751 PS |
| Gebaute Exemplare | > 1.100 |
| Wichtigste Betreiber | Seair, Atlantic Airlines de Honduras, Kazan Air Enterprize, Rovno |
| 1) Erstflug der ursprünglichen Version L 410 | |

# Lockheed L-1011 TriStar

*Heute stehen nur noch wenige Exemplare der eleganten TriStar im Einsatz.*

Ende der sechziger Jahre hatte American Airlines im Rahmen einer Studie die Entwicklung der ersten Großraumflugzeuge für den Kurz- und Mittelstreckeneinsatz angeregt. Nur einen Monat später als Douglas kündigte Lockheed im März 1968 den Bau eines Flugzeugs für bis zu 400 Passagiere in einer 3-4-3-Sitzkonfiguration an. Die L-1011, unter dem Namen TriStar bekannt geworden, sollte die letzte Entwicklung des Herstellers auf dem Markt der zivilen Passagierflugzeuge werden. Wie Konkurrent Douglas mit seiner Neuentwicklung DC-10 plante auch Lockheed, zunächst ein zweistrahliges Flugzeug auf den Markt zu bringen, entschied sich dann aber für ein drittes Triebwerk am Heck, um von den existierenden Runways aus auch Starts bei voller Nutzlast zu ermöglichen. Anfang 1969 begann der Bau ersten Prototypen.

Einen schweren Rückschlag erlitten sowohl das Programm als auch Lockheed selbst, als der Triebwerkhersteller Rolls-Royce wegen der hohen Ent-

## Lockheed

wicklungskosten für das RB211, dem geplanten Antrieb für das neue Flugzeug, in finanzielle Schwierigkeiten geriet, die zum Konkurs führten. Daraufhin wandten sich viele potenzielle Kunden dem Konkurrenzmodell DC-10 zu. Erst durch staatliche Unterstützung konnte die Produktion des Triebwerks und damit der L-1011 in der vorgesehenen Konfiguration sichergestellt werden. Im April 1972 wurden schließlich die ersten TriStars L-1011-1 durch den Erstkunden Eastern Airlines sowie von TWA in Dienst gestellt. Später folgten weitere Versionen wie die -100 mit einem höheren Abfluggewicht und größeren Tanks sowie ab 1977 die erste Langstreckenversion -200 mit einer Reichweite von bis zu 7.500 Kilometern, die mit einer stärkeren Variante des RB211-Triebwerks ausgerüstet war.

Im August 1976 erfolgte als Weiterentwicklung der -200 der Programmstart für die zweite Langstreckenversion L-1011-500. Mit einer Länge von gut 50 Metern verfügte sie über einen um rund 4,10 Meter kürzeren Rumpf und damit um 70 Sitzplätze weniger als die -200, zugleich jedoch über ein höheres Abfluggewicht, stärkere Triebwerke und eine größere Spannweite, was ihr eine Reichweite von mehr als 11.200 Kilometer verlieh. Die bislang als Markenzeichen der Familie im Unterflur-Deck angesiedelten Küchenkompartments (oder Galleys) wurden in das Hauptdeck verlegt.

Die neue Variante startete am 16. Oktober 1978 zu ihrem Erstflug und wurde im Mai 1979 an British Airways ausgeliefert. Weitere Modifizierungen versahen die -500 mit einem automatischen Konstrollsystem für Schub und Bremsen. Die Produktion der L-1011 wurde 1984 eingestellt, nachdem insgesamt 250 Exemplare, davon 50 der Serie -500, die sich gegen die DC-10 nicht mehr durchsetzen konnte, gebaut worden waren. Mittlerweile ist die Zahl der noch im Einsatz stehenden TriStars auf weltweit rund 20 Exemplare – zivil und militärisch – gefallen.

Das während seiner langen Dienstjahre stets als zuverlässig geltende Flugzeug zeigte kaum technische Mängel und war seiner Zeit in vielen Punkten voraus. So verfügte es über vier redundante Hydrauliksysteme sowie als erstes Verkehrsflugzeug über ein Autolandesystem, das bei jedem Wetter einsetzbar war.

| L-1011-500 | |
|---|---:|
| Erstflug[1] | 16. November 1970 |
| Länge | 50,04 m |
| Spannweite | 50,09 m |
| Höhe | 16,86 m |
| Kabinenbreite | 5,76 m |
| Passagiere | 246-330 |
| Max. Abfluggewicht | 231.330 kg |
| Treibstoffvorrat | 96.162 kg |
| Reichweite | 9.700 km |
| Reisegeschwindigkeit | 894 km/h |
| Antrieb | RB211-524 |
| Schub | 3 x 222 kN |
| Gebaute Exemplare[2] | 250 |
| Wichtige Betreiber | ATA, Mahan Air |

1) Erstflug der L-1011-1  2) Alle L-1011

# McDonnell Douglas DC-9

1Time aus Südafrika betreibt nur Flugzeuge von McDonnell Douglas. Die drei zwischenzeitlich eingesetzten DC-9-30 (Foto) wurden allerdings mittlerweile ausgemustert.

Die DC-9 wurde Mitte der sechziger Jahre für den Einsatz auf relativ kurzen Pisten entwickelt. Als Kurz- und Mittelstreckenflugzeug sollte sie Märkte erobern, die bis dahin nur von Propellerflugzeugen bedient werden konnten. Äußerlich zeichnete sie sich durch ein T-Leitwerk sowie durch zwei am Heck angebrachte Triebwerke aus. In einer Reiseflughöhe von rund 30.000 Fuß (9.144 Meter) erreichte die DC-9 eine Geschwindigkeit von 800 Stundenkilometern. Die Entwicklung des Prototypen startete im Juli 1963, und schon im Winter 1965 erfolgten Zertifizierung und Auslieferung an den Erstkunden Delta Air Lines.

Douglas (beziehungsweise ab 1967 dann McDonnell Douglas) bot zunächst fünf Basisversionen an, die alle mit Varianten des Pratt & Whitney-JT8D-Antriebs ausgestattet waren. Das erste Modell, die DC-9-10, fasste bei einer Länge von knapp 32 Metern bis zu 90 Passagiere. Ihr folgte die -30, deren um gut viereinhalb Meter gestreckter Rumpf Platz für 115 Sitze bot und die einen vergrößerten Frachtraum sowie eine um etwas über einen Meter größere Spannweite aufwies. Krügerklappen verliehen dem Flugzeug, das im Febru-

| DC-9-10 | |
|---|---:|
| Erstflug | 25. Februar 1965 |
| Länge | 31,80 m |
| Spannweite | 27,30 m |
| Höhe | 8,38 m |
| Kabinenbreite | 3,14 m |
| Passagiere | 80-90 |
| Max. Abfluggewicht | 41.177 kg |
| Treibstoffvorrat | 13.978 l |
| Reichweite | 2.046 km |
| Reisegeschwindigkeit | 903 km/h |
| Antrieb | JT8D-7 |
| Schub | 2 x 62 kN |
| Gebaute Exemplare | 137 |
| Wichtigste Betreiber | USA Jet Airways (US-Frachtfluggesellschaft) |

## McDonnell Douglas

ar 1967 in Dienst gestellt wurde, darüber hinaus hervorragende Kurzstart- und -landeeigenschaften. Die -30 war das am weitesten verbreitete Mitglied dieser Flugzeugfamilie und machte rund 60 Prozent der weltweiten DC-9-Flotten aus.

Als dritte Variante kam im März 1968 die Serie -40 auf den Markt, die, erneut gestreckt, Raum für weitere zehn Fluggäste bei identischen Tragflächen wie die -30 bot. Schon sieben Monate später erschien die DC-9-20, die für den Einsatz ab kürzesten Pisten konzipiert worden war. Sie vereinte den kürzeren Rumpf der -10 mit dem auftriebsstarken Flügel, der für die -30 entwickelt worden war. Als Nachzügler wurde ab 1975 die Version -50 angeboten. Sie war gegenüber der -30 um noch einmal knapp viereinhalb Meter gestreckt worden, so dass sie bei einer Kapazität von 139 Fluggästen fünf Sitzreihen mehr aufwies als die -30. Durch eine neue Triebwerksverkleidung konnte der Lärmpegel des Flugzeugs gesenkt werden.

### Große Produktion

Gemeinsam ist allen Modellen die 2-plus-3-Bestuhlung sowie eine eingebaute Bordtreppe, die den Einsatz der DC-9 auch an Flughäfen erlaubte, die über keine Fluggasttreppen verfügten. Der aufgrund des niedrigen Fahrwerks tief gelegene Frachtraum ermöglichte zudem eine Beladung der Flugzeuge ohne die Hilfe eines Förderbandes oder einer Ladeplattform.

In den achtzehn Jahren ihrer Produktion – das letzte Exemplar wurde im Oktober 1982 ausgeliefert – wurden insgesamt 976 DC-9 der verschiedenen Versionen gebaut.

| DC-9-30 | |
|---|---:|
| Erstflug | 1. August 1966 |
| Länge | 36,30 m |
| Spannweite | 28,50 m |
| Höhe | 8,38 m |
| Kabinenbreite | 3,14 m |
| Passagiere | 115 |
| Max. Abfluggewicht | 49.940 kg |
| Treibstoffvorrat | 13.925 l |
| Reichweite | 2.631 km |
| Reisegeschwindigkeit | 917 km/h |
| Antrieb | JT8D-15 |
| Schub | 2 x 69 kN |
| Gebaute Exemplare | 615 |
| Wichtigste Betreiber | Northwest Airlines, Cebu Pacific, Aero California |

| DC-9-50 | |
|---|---:|
| Erstflug | 17. Dezember 1974 |
| Länge | 40,7 m |
| Spannweite | 28,50 m |
| Höhe | 8,38 m |
| Kabinenbreite | 3,14 m |
| Passagiere | 139 |
| Max. Abfluggewicht | 54.934 kg |
| Treibstoffvorrat | 16.120 l |
| Reichweite | 2.631 km |
| Reisegeschwindigkeit | 898 km/h |
| Antrieb | JT8D-17 |
| Schub | 2 x 71 kN |
| Gebaute Exemplare | 96 |
| Wichtigste Betreiber | Northwest Airlines, Aeropostal Alas de Venezuela |

# McDonnell Douglas DC-10

*Unter der Bezeichnung MD-10 setzt FedEx eine ganze Reihe von mit dem modernen Glascockpit der MD-11 ausgerüsteten DC-10-Frachtern ein.*

Ende der sechziger Jahre entwickelte McDonnell Douglas mit der DC-10 eines der ersten Großraumflugzeuge für den Mittel- und Langstreckeneinsatz. Nach einer Festbestellung von American Airlines über 25 DC-10-10 plus 25 Optionen wurde das Programm im Februar 1968 ins Leben gerufen.

Anfänglich noch als Twinjet angedacht, erhielt die DC-10, die für bis zu 380 Passagiere ausgelegt war, sehr bald ein drittes, an der Wurzel des Höhenleitwerks platziertes Triebwerk. Der Bau des Prototypen begann im Januar 1969, und rund anderthalb Jahre später konnte McDonnell Douglas mit der Auslieferung der ersten Exemplare der Version DC-10-10 an American und United Airlines beginnen.

Allerdings litt die DC-10 zunächst an einigen Anlaufschwierigkeiten, denn gleichzeitig mit ihr wurde die fast identische TriStar auf dem Markt platziert, an die McDonnell Douglas in den ersten Jahren einige Aufträge verlor. Der Durchbruch für die DC-10 kam im Jahr 1972 dann mit der Langstreckenversion DC-10-30 für europäische Kunden wie Iberia, KLM, Lufthansa oder Swissair. Abgesehen von stärkeren Triebwerken, zusätzlichen Tanks und dem um einen dritten Satz Räder verstärkten Hauptfahrwerk unterschied sich diese Version kaum vom Basismodell. Die -30 war allerdings erst die zweite Langstreckenversion, denn im gleichen Jahr hatte McDonnell Douglas bereits die DC-10-40 für interkontinentale Strecken vorgestellt, deren drei JT9D-Triebwerke von Pratt & Whitney für eine Reichweite von über 9.000 Kilometern sorgten. Jedoch blieben hier Northwest

# McDonnell Douglas

Orient und Japan Airlines die einzigen Betreiber.

In den siebziger Jahren sorgte eine Absturzserie für ein negatives Image der DC-10. Schon 1972 war eine Modifizierung der hinteren Frachtraumtür bei allen bis dahin ausgelieferten Exemplaren notwendig geworden, nachdem sich herausgestellt hatte, dass sich die Tür im Flug öffnen konnte. Eine weitere Unglücksserie Ende der siebziger Jahre führte kurzfristig sogar zu einer Stilllegung der weltweiten DC-10-Flotten; allerdings stellten sich als Ursache Wartungs- und Pilotenfehler heraus. Dennoch litt der Ruf des Flugzeugs so stark, dass American Airlines ihre DC-10 schließlich nur mehr als „Luxury Liner" bezeichnete und der Hersteller selbst das Kürzel DC bei späteren Programmen durch MD ersetzen sollte.

Vorher jedoch ergänzte McDonnell Douglas das Programm durch eine weitere Variante. Mit der Serie -15 schuf der Hersteller 1979 ein äußerst leistungsstarkes Flugzeug, das auch von hoch und heiß gelegenen Plätzen aus voll beladen eingesetzt werden konnte. 1984 orderte der Expressdienst Federal Express (FedEx) einen Nurfrachter auf Basis der DC-10-30, der als -30F im Januar 1986 erstmals ausgeliefert wurde.

Die Produktion der DC-10 wurde 1989 zugunsten der MD-11 eingestellt, nachdem insgesamt 386 zivile und 60 militärische (für die US Air Force) Exemplare gebaut worden waren. In den letzten Jahren fanden zahlreiche Flugzeuge eine zweite Verwendung als Frachter, was unter anderem ein Grund dafür ist, dass beispielsweise 2007 rund die Hälfte aller jemals gebauten DC-10 im Einsatz stand.

| DC-10-30 | |
|---|---:|
| Erstflug[1] | 29. August 1970 |
| Länge | 55,00 m |
| Spannweite | 50,40 m |
| Höhe | 17,70 m |
| Rumpfbreite | 6,02 m |
| Passagiere | 250-380 |
| Max. Abfluggewicht | 259.459 kg |
| Treibstoffvorrat | 138.720 l |
| Reichweite | 10.010 km |
| Reisegeschwindigkeit | 965 km/h |
| Antrieb | CF6-50C |
| Schub | 3 x 227 kN |
| Bestellungen | 195 |
| Wichtige Betreiber | FedEx, Biman Bangladesh |
| 1) Der Ausgangsversion DC-10-10 | |

# MD-11

*Bis Februar 2010 setzte Finnair die MD-11 im Passagierdienst ein. Inzwischen betreibt die Airline das Muster nur noch als Frachter.*

Als Nachfolgemuster für die bis dahin bereits seit 16 Jahren im Einsatz stehende DC-10 stellte McDonnell Douglas 1986 den Entwurf der ebenfalls dreistrahligen MD-11 vor.

Erstkunde war British Caledonian, die neun Exemplare orderte. Mit ihrem gegenüber der DC-10-30 um mehr als sechs Meter gestreckten Rumpf konnte die MD-11 bis zu 410 Passagiere in einer Ein-Klassen-Konfiguration aufnehmen. Außerdem erhielt sie Winglets, ihr Seitenleitwerk wurde mit zusätzlichen Tanks versehen und die Spannweite der Höhenflosse verringert. Die Konzeption des Zwei-Mann-Flugdecks schloss ein Glascockpit mit sechs Bildschirmen ein, während auf „Fly by Wire"-Technik verzichtet wurde. Als Antrieb wurde sowohl das CF6 als auch das PW4000 angeboten.

### Leistungsprobleme

Beim Bau des ersten Prototypen lagen bereits 52 Bestellungen und 40 Optionen vor. Im November 1990 erfolgten die Zulassung und die Erstauslieferung an Finnair. Schon bald folgten verschiedene Varianten wie Anfang 1996 die MD-11ER (Extended Range), deren Reichweite durch Zusatztanks auf über 13.200 Kilometer gesteigert werden konnte – zugleich war auch das maximale Abfluggewicht erhöht worden – sowie Nurfracht- und Kombiversionen, deren maximales Abfluggewicht sich

# McDonnell Douglas

zwar nicht von dem der reinen Passagiervarianten unterschied, deren Leergewicht aber um bis zu 18 Tonnen geringer war.

Bald nach den ersten Auslieferungen stellten sich jedoch einige Leistungsprobleme heraus, denn die MD-11 erfüllte einerseits nicht die garantierten Reichweiten, andererseits blieb ihr Treibstoffverbrauch um 2,5 Prozent über den angegebenen Werten. Eine Folge davon war, dass Singapore Airlines ihre Bestellung über 20 Exemplare stornierte. Auch die rund fünf Jahre später auf den Markt drängende Boeing 777 entpuppte sich als starker Konkurrent. Mit insgesamt 200 Festbestellungen für alle Varianten blieben die Verkäufe der MD-11 weit hinter den Erwartungen des Herstellers zurück, obgleich sie als Frachter noch einige Erfolge vorweisen konnte, wie Bestellungen unter anderem von Lufthansa Cargo bewiesen. Zudem wurden zahlreiche ausgemusterten Passagierflugzeuge, die sich im Linienbetrieb als zu unrentabel erwiesen, zu Frachtern konvertiert. Hauptabnehmer waren hier vor allem die Paket- und Expressdienste wie UPS oder Federal Express.

Nach der Übernahme von McDonnell Douglas beschloss Boeing, zunächst die Produktion der Passagierversion und ab 2001 auch die der Frachtvariante einzustellen. Weiterentwicklungen der MD-11 wie die einer zeitweise diskutierten gestreckten MD-12 oder einer MD-XX mit neuen Flügeln wurden nicht mehr realisiert. ∎

| MD-11ER | |
|---|---:|
| Erstflug[1] | 10. Januar 1990 |
| Länge | 61,21 m |
| Spannweite | 51,97 m |
| Höhe | 17,58 m |
| Rumpfbreite | 6,02 m |
| Passagiere | 233-410 |
| Max. Abfluggewicht | 285.990 kg |
| Treibstoffvorrat | 157.529 l |
| Reichweite | 13.230 km |
| Reisegeschwindigkeit | 945 km/h |
| Antrieb | CF6-80C2, PW4000 |
| Schub | 3 x 266-273 kN |
| Gebaute Exemplare[2] | 200 |
| Wichtigste Betreiber | Finnair, KLM, Martinair, TAM, FedEx, Lufthansa Cargo |
| 1) Erstflug der MD-11   2) Alle MD-11-Versionen | |

# MD-80

*Delta Air Lines setzt nach wie vor knapp 120 MD-88 auf ihren Inlandsstrecken ein.*

Mitte der siebziger Jahre begann McDonnell Douglas mit der Entwicklung einer gestreckten und verbesserten Variante der DC-9, eine zunächst als DC-9 Super 80, später als MD-80 bezeichnete Flugzeugfamilie. Ursprünglich wollte der Hersteller eine DC-9 nur um 3,8 Meter verlängern und mit stärkeren, gleichzeitig aber leiseren JT8D-209-Triebwerken umrüsten, doch dann erhielt das neue Flugzeug auch größere Tragflächen.

Diese erste noch Super 80 genannte Version konnte schließlich im September 1980 an die Erstkunden Swissair und Austrian Airlines ausgeliefert werden. 1983 erfolgte die Umbenennung in MD-80-Serie, wobei das Ausgangsmuster fortan die Bezeichnung MD-81 trug. Ihr folgte die MD-82 mit leistungsstärkerem Antrieb. Zusatztanks verliehen der MD-83 eine vergrößerte Reichweite, während die MD-88, deren Erstflug 1987 erfolgte, ein neues Interieur sowie ein modernes Bildschirm-Cockpit erhielt. Als verkürzte Version hatte McDonnell Douglas schon 1985 die MD-87 ins Leben gerufen, nachdem Finnair und Austrian Airlines ihr Interesse an einem derartigen Modell bekundet hatten. Mit einer Länge von knapp 40 Metern und maximal 139 Sitzen sollte sie alte DC-9-30 erset-

| MD-81/82/88 | |
|---|---:|
| Erstflug[1] | 19. Oktober 1979 |
| Länge | 45,01 m |
| Spannweite | 32,82 m |
| Höhe | 8,99 m |
| Kabinenbreite | 3,14 m |
| Passagiere | 152-172 |
| Max. Abfluggewicht | 63.503/67.812/67.812 kg |
| Treibstoffvorrat | 22.106 l |
| Reichweite | 2.897/3.798/3.798 km |
| Reisegeschwindigkeit | Mach 0,76 |
| Antrieb | JT8D-209/JT8D-217/JT8D-217 |
| Schub | 2 x 82/89/89 kN |
| Produktion | 132/569/150 |
| Wichtige Betreiber | Alitalia, American, Delta |
| 1) Erstflug der Ausgangsversion Super 80 | |

## McDonnell Douglas

zen. Sie war das erste Flugzeug der MD-80-Familie, dessen Cockpit standardmäßig sowohl mit Bildschirmen als auch einem Head-up-Guidance-System ausgerüstet wurde. Optional war sie mit zusätzlichen Frachtabteilen am Bug oder Heck, mit Zusatztanks oder mit Varianten des standardmäßigen JT8D-217-Antriebs erhältlich. Zudem wurde bei ihr der Heckkonus verändert, eine Modifizierung, die auch bei allen anderen MD-80-Versionen ab Werk Standard wurde. Nach dem Erstflug am 4. Dezember 1986 folgte die Zertifizierung im Oktober 1987.

Die MD-87 verkaufte sich mit nur 75 Exemplaren relativ schlecht, ganz im Gegensatz zu den anderen Modellen der MD-80-Familie. Zwar waren auch deren Verkäufe nur schleppend angelaufen, doch ein Großauftrag durch American Airlines über 67 MD-82 Mitte der achtziger Jahre hatte den Bann gebrochen. Das MD-80-Programm entwickelte sich zum Kassenschlager; allein in den Jahren 1990 und 1991 konnte McDonnell Douglas 139 beziehungsweise 140 MD-80 ausliefern, wovon ein großer Teil an europäische Betreiber wie Alitalia, Finnair, KLM oder Iberia ging. Bis Mitte der neunziger Jahre waren knapp 1.200 Exemplare aller Versionen produziert und ausgeliefert worden, hinzu kamen 35 Lizenzbauten in China.

Die Übernahme von McDonnell Douglas durch Boeing läutete jedoch das Ende der MD-80-Serie ein, und Ende 1999 wurde das letzte Flugzeug, eine MD-83, an TWA ausgeliefert. Dennoch sind noch immer hunderte MD-80 in der Luft, allerdings haben sie es zunehmend schwerer, den schärfer werdenden Lärmvorschriften zu genügen. ■

| MD-83 | |
|---|---:|
| Erstflug | 17. Dezember 1984 |
| Länge | 45,01 m |
| Spannweite | 32,82 m |
| Höhe | 8,99 m |
| Kabinenbreite | 3,14 m |
| Passagiere | 155-172 |
| Max. Abfluggewicht | 72.575 kg |
| Treibstoffvorrat | 26.495 l |
| Reichweite | 4.635 km |
| Reisegeschwindigkeit | Mach 0,76 |
| Antrieb | JT8D-219 |
| Schub | 2 x 93 kN |
| Bestellungen | 265 |
| Wichtige Betreiber | Spanair, Avianca, Alaska, Airlines, Austral, Meridiana |

| MD-87 | |
|---|---:|
| Erstflug | 4. Dezember 1986 |
| Länge | 39,7 m |
| Spannweite | 32,8 m |
| Höhe | 9,27 m |
| Kabinenbreite | 3,14 m |
| Passagiere | 130-139 |
| Max. Abfluggewicht[1] | 63.503 kg |
| Treibstoffvorrat[2] | 22.106 l |
| Reichweite | 4.395 km |
| Reisegeschwindigkeit | Mach 0,76 |
| Antrieb | JT8D-217C |
| Schub | 2 x 89 kN |
| Bestellungen | 75 |
| Wichtige Betreiber | Iberia, SAS |

1) optional 67.813 kg  2) optional 26.495 l

# MD-90 — McDonnell Douglas

Im Jahr 1989 begann McDonnell Douglas mit der Entwicklung eines Nachfolgers für die MD-80. Diese MD-90 erhielt einen neuen Antrieb sowie ein Glascockpit. Die alte MD-88-Zelle wurde vor den Tragflächen um 1,40 Meter gestreckt, was aus ihr in der Basisversion MD-90-30 einen 150-Sitzer machte. Nach dem Erstflug im Februar 1993 folgte bis zur Zulassung im November 1994 ein langes Flugerprobungsprogramm. Erstkunde war Delta Air Lines, die über 30 Flugzeuge geordert hatte. Als weitere Versionen waren eine -50 mit verlängerter Reichweite, einem höheren Abfluggewicht und Zusatztanks sowie eine -55 mit dichterer Bestuhlung für bis zu 187 Passagieren und zwei zusätzlichen Notausgängen im vorderen Rumpfbereich geplant, die allerdings nie realisiert wurden.

Die MD-90-Serie verkaufte sich nur schleppend, und nach der Fusion von McDonnell Douglas und Boeing hatten die neuen Herren im Hause nur wenig Interesse, einen 737-Konkurrenten zu vermarkten, so dass die Produktion nach nur 116 Exemplaren im Jahr 2000 eingestellt wurde.

| MD-90-30 | |
|---|---:|
| Erstflug | 22. Februar 1993 |
| Länge | 46,51 m |
| Spannweite | 32,87 m |
| Höhe | 9,40 m |
| Kabinenbreite | 3,14 m |
| Passagiere | 153-172 |
| Max. Abfluggewicht | 70.760 kg |
| Treibstoffvorrat | 22.104 l |
| Reichweite | 3.860 km |
| Reisegeschwindigkeit | Mach 0,76 |
| Antrieb | V2525-D5 |
| Schub | 2 x 111 kN |
| Gebaute Exemplare | 116 |
| Wichtige Betreiber | China Southern Airlines, China Eastern Airlines, Saudi Arabian |

*Es ist nur noch eine Frage der Zeit, bis auch China Southern ihre MD-90 ausmustert.*

# Raytheon Beech 1900

*Eine von vier Beech 1900C in der Flotte der spanischen Serair Transworld Press.*

Nachdem Beechcraft seit der Beech 99, deren Produktion nach 184 gebauten Exemplaren 1977 eingestellt worden war, kein Regionalflugzeug mehr entwickelt hatte, startete man im Jahr 1979 das Programm eines Nachfolgemusters mit Druckkabine. Diese Beech 1900C basierte wie das Vorgängermodell auf den Serien Queen Air und King Air. Sie sollte bis zu 19 Passagiere befördern, weshalb die Kabine der alten King Air 200 um mehr als vier Meter gestreckt wurde. Außerdem erhielt sie mit dem PT6A-65B stärkere Triebwerke, ein modifiziertes Heck mit Winglets sowie Stabilisatoren am unteren Rumpfende. Der Prototyp flog erstmals am 3. September 1982, die FAA-Zertifizierung erfolgte im November 1983, und das Flugzeug konnte im Februar des darauf folgenden Jahres an den Erstkunden übergeben werden. Die Produktion der 1900C wurde 1991 eingestellt, als Beech die Folgeversion 1900D auf den Markt brachte. Mit ihr konnte ein Regionalflugzeug angeboten werden, dessen Kabine Stehhöhe aufwies. Nach ihrer Zulassung im März 1991 wurde sie in großer Stückzahl an den Erstkunden Mesa Airlines, einem Regionalpartner von United Airlines, ausgeliefert, die der größte Betreiber der Beech 1900D werden sollte.

| BEECH 1900D | |
|---|---:|
| Erstflug[1] | 3. September 1982 |
| Länge | 17,63 m |
| Spannweite | 17,67 m |
| Höhe | 4,72 m |
| Kabinenbreite | 1,37 m |
| Passagiere | 19 |
| Max. Abfluggewicht | 7.668 kg |
| Treibstoffvorrat | 2.022 kg |
| Reichweite | 2.776 km |
| Reisegeschwindigkeit | 518 km/h |
| Antrieb | PT6A-67D |
| Leistung | 2 x 1.279 PS |
| Gebaute Exemplare[2] | 686 |
| Wichtige Betreiber | Air New Zealand, Mesa |
| 1) Beech 1900C  2) 1900C: 248, 1900D: 438 | |

# Saab 340

Gemeinsam mit dem US-amerikanischen Hersteller Fairchild Industries entwickelte Saab ab 1980 das 30- bis 40-sitzige Turbopropflugzeug SF340. Das Ergebnis war ein konventioneller Tiefdecker mit einer Kapazität von maximal 37 Sitzplätzen; Fairchild zeichnete dabei für den Bau der Tragflächen, des Hecks und der Triebwerksverkleidung verantwortlich, während Saab den Bau von Rumpf und Leitwerk sowie die Endmontage übernahm. Der Erstflug fand am 25. Januar 1983 statt, im März 1984 der des ersten serienmäßig gebauten Exemplars, das am 14. Juni desselben Jahres seinen Dienst beim Erstkunden Crossair aufnahm. Im November 1985 übernahm Saab das gesamte 340-Programm und nannte das Flugzeug Saab 340A. Die erste Weiterentwicklung führte zur Saab 340B, die stärkere Triebwerke und dadurch bessere „Hot and High"-Leistungswerte erhielt und mit einem größeren Höhenruder, einem höheren Abfluggewicht sowie größerer Reichweite ausgestattet wurde. Diese Version 340B wurde im September 1989 zum ersten Mal ausgeliefert und alsbald durch die modifizierte Saab 340B Plus überholt, die mit Wingtips und einem sogenannten „Active Noise Control System" ausgerüstet war. ■

| SAAB 340B PLUS | |
|---|---:|
| Erstflug[1] | 25. Januar 1983 |
| Länge | 19,73 m |
| Spannweite | 22,75 m |
| Höhe | 6,97 m |
| Kabinenbreite | 2,16 m |
| Passagiere | 30-37 |
| Max. Abfluggewicht | 13.155 kg |
| Treibstoffvorrat | 2.580 kg |
| Reichweite | 945 km |
| Reisegeschwindigkeit | 524 km/h |
| Antrieb | CT7-9B |
| Leistung | 2 x 1.870 PS |
| Exemplare in Betrieb[2] | > 360 |
| Wichtige Betreiber | Mesaba, Regional Express |
| 1) der SF340  2) alle Versionen | |

*Eine Saab 340B+ in der farbenfrohen Bemalung der thailändischen Nok Mini Airlines.*

# Saab 2000 — Saab

*Die rumänische Carpatair betreibt gegenwärtig ein Dutzend Regionalflugzeuge des Typs Saab 2000.*

Noch in den achtziger Jahren deutete sich an, dass Saab neben der 340 ein zweites, größeres Modell auf den Markt bringen musste. 1988 fiel der Startschuss für die Saab 2000 mit einer Kapazität für 50 Passagiere. Sie erhielt eine mit mehr als 2.000 Kilometern für ein Regionalflugzeug ungewöhnlich große Reichweite und wies selbst noch im Steigflug fast jetähnliche Leistungen auf. Ungewöhnlich, wenn nicht fast einzigartig für ein Regionalflugzeug war das im Toilettenbereich platzierte Fenster.

Basierend auf dem Rumpf der Saab 340, war die 2000 um 7,55 Meter länger und wartete auch sonst mit einigen Neuerungen auf: Die Tragflächen waren neu entwickelt worden und um 15 Prozent größer als die der 340, wobei die Triebwerksaufhängung weiter nach außen verlagert wurde. Die zwei Allison-Triebwerke AE 2100A mit je 4.152 PS sowie die großen und langsam drehenden Sechsblatt-Propeller verliehen der 2000 eine Reisegeschwindigkeit von 685 km/h. Auch das Cockpit wurde mit sechs Flüssigkristalldisplays zeitgemäß gestaltet, und auf Wunsch war die 2000 ab Werk mit einem sogenannten Head-Up-Guidance-System ausgerüstet. Durch ein elektronisch geregeltes, aktives Geräuschunterdrückungssystem („Active Noise Reduction System") sollte der Lärmpegel in der Kabine so gering wie möglich, bei etwa 76 Dezibel, gehalten werden.

Auch andere europäische Hersteller beteiligten sich am Saab-2000-Programm, darunter die spanische CASA, die die Flügel baute, während Westland aus Großbritannien für die hintere Rumpfhälfte und Valmet in Finnland für das Heck verantwortlich zeichneten. Nach ihrem Erstflug am 26. März 1992 erhielt die Saab 2000 ihre europäische

# Saab 2000　　　　　　　　　　　　　　　　　Saab

*OLT betrieb lange Jahre drei Saab 2000, u.a. für Airbus auf der Strecke Bremen–Toulouse.*

und US-amerikanische Musterzulassung im März bzw. April 1994. Ausgeliefert wurde sie an ihren Erstkunden Crossair – allerdings ein Jahr hinter dem Zeitplan – in der zweiten Jahreshälfte 1994.

Trotz großer Hoffnungen war der Saab 2000 nur wenig Erfolg beschieden, was zum Teil auf ihre hohen Kosten zurückgeführt werden musste, zum Teil auf ernste Probleme mit dem „Active Noise Reduction"-System, das den Kundenanforderungen erst nach massiven Nachbesserungen genügte. Darüber hinaus gab es auf dem Markt mit den Regionaljets Embraer ERJ 145 oder Bombardier CRJ200 erfolgreiche Konkurrenzprodukte, die zu ähnlichen Anschaffungspreisen bessere Leistungen erbrachten, zumal die Saab 2000 zu einem Zeitpunkt auf den Markt kam, als den Turboprops ohnehin ein baldiges Ende prophezeit worden war.

Die Bestellungen für die Saab 2000 blieben jedenfalls weit hinter den Erwartungen ihres Herstellers – man hatte mit 400 Exemplaren gerechnet – zurück, so dass Saab im Jahre 1997 die Einstellung ihrer zivilen Flugzeugprogramme und damit auch der 2000 beschloss. Von den 63 gebauten Flugzeugen – alleine 34 waren seinerzeit an die Schweizer Crossair gegangen – standen im Sommer 2011 mit wenigen Ausnahmen noch alle im Einsatz. ■

| SAAB 2000 | |
|---|---:|
| Erstflug | 26. März 1992 |
| Länge | 27,28 m |
| Spannweite | 24,76 m |
| Höhe | 7,73 m |
| Kabinenbreite | 2,16 m |
| Passagiere | 50-58 |
| Max. Abfluggewicht | 23.000 kg |
| Treibstoffvorrat | 4.250 kg |
| Reichweite | 2.167 km |
| Reisegeschwindigkeit | 685 km/h |
| Antrieb | AE2100A |
| Leistung | 2 x 4.152 PS |
| Gebaute Exemplare | 63 |
| Wichtige Betreiber | Carpatair, Darwin Airline, Golden Air |

# Shorts 360 — Shorts

*Air Seychelles setzt gegenwärtig noch eine Shorts 360 ein.*

Als verlängerte Version des Modells 330, das seit 1976 auf dem Markt war, entwickelte das nordirische Unternehmen Short Brothers ab 1980 die 360. Wenngleich das neue Muster seinen Vorläufer um 91 Zentimeter überragte, war der größte Unterschied zwischen den beiden das modifizierte Heck mit einem einteiligen Seitenleitwerk. Die längere Kabine – auch die Spannweite wurde vergrößert – erlaubte die Unterbringung von zwei zusätzlichen Sitzreihen, so dass nun insgesamt 36 Passagiere und drei Besatzungsmitglieder Platz fanden.

Nach dem Erstflug am 1. Juni 1981 übernahm die amerikanische Suburban Airlines gut ein Jahr später das erste Serienexemplar. Auf diese erste Version folgte 1985 die 360 Advanced (oder -200), die über stärkere PT6A-65AR-Triebwerke verfügte. Die letzte Variante mit der Bezeichnung Shorts 360-300 erhielt neben einigen aerodynamischen Modifikationen und Sechsblatt-Propellern noch einmal stärkere Triebwerke, was sich in einer höheren Reisegeschwindigkeit und besseren Leistungen unter „Hot and High"-Bedingungen niederschlug. Die Shorts 360 verkaufte sich zunächst recht gut, doch als mit der Dash 8, der Saab 340 oder später der ATR 42 modernere, schnellere Konkurrenzmuster mit Druckkabine auftauchten, ließ die Nachfrage spürbar nach, und die Produktion wurde 1991 nach 165 Exemplaren eingestellt.

| SHORTS 360-300 | |
|---|---:|
| Erstflug[1] | 1. Juni 1981 |
| Länge | 21,59 m |
| Spannweite | 22,81 m |
| Höhe | 7,21 m |
| Kabinenbreite | 1,92 m |
| Passagiere | 36 |
| Max. Abfluggewicht | 12.292 kg |
| Treibstoffvorrat | 1.742 kg |
| Reichweite | 1.178 km |
| Reisegeschwindigkeit | 400 km/h |
| Antrieb | PT6A-67R |
| Leistung | 2 x 1.424 PS |
| Gebaute Exemplare | 165 |
| Wichtige Betreiber | BAC Express, Air Seychelles |

1) des Ausgangsmodells Shorts 360

# Suchoj Superjet 100

*Am 19. April 2011 übernahm Armavia als erste Fluggesellschaft ein Exemplar des Superjet 100.*

Mit dem Superjet 100 wagt sich ein Hersteller auf den Markt für Regionalflugzeuge, der sich in der Vergangenheit einen Namen vorrangig als Produzent von Militärjets und Kunstflugzeugen gemacht hatte. Suchoj hatte jedoch frühzeitig erkannt, dass auf dem militärischen Sektor künftig nur noch wenig Geld zu verdienen sein würde. Statt dessen sah man für den heimischen Markt einen Bedarf an einem Flugzeug mit weniger als 100 Sitzen, das aber angesichts der Dimensionen des Landes große Entfernungen würde überbrücken müssen. Von vornherein legte das Unternehmen großen Wert auf die Einbindung westlicher Partner, nicht zuletzt, um die neue, vorläufig Russian Regional Jet (RRJ) genannte Flugzeugfamilie auch außerhalb Russlands vermarkten zu können.

Ein zentrales Element dabei, das hatten Vorhaben anderer Hersteller gezeigt, würden die Triebwerke sein. Im Falle des RRJ sollten sie in französisch-russischer Kooperation entstehen. Gemeinsam mit NPO Saturn entwickelte Snecma im Rahmen des Joint Ventures

| SSJ100/95 ||
|---|---:|
| Erstflug | 19. Mai 2008 |
| Länge | 29,94 m |
| Spannweite | 27,80 m |
| Höhe | 10,28 m |
| Kabinenbreite | 3,24 m |
| Passagiere | 98 |
| Max. Abfluggewicht[1] | 45.880 kg |
| Reichweite[1] | 4.420 km |
| Reisegeschwindigkeit | Mach 0,78 |
| Antrieb | SaM146 |
| Schub | 2 x 69 kN |
| Bestellungen | > 200 |
| Wichtigste Kunden | Aeroflot, Malev |
| 1) LR Version ||

# Suchoj

PowerJet das SaM146, das im Juli 2006 erste Testläufe absolvierte und am 23. Juni 2010 – mit leichter Verspätung – von der EASA zugelassen wurde. Aber auch praktisch alle weiteren wichtigen Systeme stammen aus dem westlichen Ausland. Beispielsweise liefert Thales die Cockpitavionik, von Messier-Dowty stammt das Fahrwerk, Honeywell ist für die Hilfsgasturbine (APU) verantwortlich, und Liebherr Aerospace produziert unter anderem das Flugregelsystem. Sehr früh wurde auch Boeing eingebunden. Der US-Hersteller war und ist beratend tätig, beteiligt sich aber nicht selbst am Bau und an der Vermarktung.

Der größte Clou war aber vermutlich der Einstieg von Alenia Aeronautica. Die Italiener beteiligten sich mit 25 Prozent an der Sukhoi Civil Aircraft Company (SCAC). SCAC ist für Entwicklung, Zulassung und Vermarktung des RRJs sowie den anschließenden Service verantwortlich. Die Zusammenarbeit mit Alenia half nicht nur, die Finanzierung des Vorhabens zu sichern, sondern verlieh dem Programm zusätzlich Reputation. Zudem trägt sie wesentlich dazu bei, eine flächendeckende Betreuung der Flugzeuge nach der Auslieferung sicherzustellen.

Zur Vermarktung des Superjets 100 in Europa, Amerika, Afrika, Ozeanien und Japan wurde das Gemeinschaftsunternehmen Superjet International gegründet, an dem Alenia zu 51 und Suchoj zu 49 Prozent beteiligt ist. Ursprünglich sollte der Russian Regional Jet in den drei Versionen RRJ 60, RRJ 75 und RRJ 95 für 63, 78 und 98 Passagiere auf den Markt kommen. Inzwischen wurde die kleinste Version fallen gelassen, und nachdem die Flugzeugfamilie im Sommer 2006 den neuen Namen Superjet 100 erhalten hat – wohl auch, um die Akzeptanz außerhalb Russlands zu erhöhen –, bietet Suchoj nun zunächst die beiden Grundmodelle SSJ100/95 und SSJ100/75 an, die jeweils auch als LR-Varianten mit größerer Reichweite auf den Markt kommen sollen. Eine gestreckte Version für bis zu 110 Passagiere wird aber ebenfalls in Erwägung gezogen.

Die Endmontage erfolgt im sibirischen Komsomolsk am Amur, wo das zur Suchoj-Holding gehörende Herstellungswerk KnAAPO angesiedelt ist, das auch die Tragflächen und die meisten Rumpfkomponenten produziert. NAPO in Nowosibirsk, ebenfalls mehrheitlich im Suchoj-Besitz, liefert die Bugsektion und das Leitwerk.

Das erste Flugzeug verließ am 26. September 2007 die Endmontage. Bis zum Jungfernflug am 19. Mai 2008 verging dann noch mehr als ein halbes Jahr, und auch Erprobung und Zulassung nahmen deutlich mehr Zeit als vorgesehen in Anspruch, so dass der Superjet 100 erst am 3. Februar 2011 die Zulassung durch die russischen Behörden erhielt. Im April beziehungsweise Juni desselben Jahres wurden schließlich die ersten Serienexemplare an die armenische Armavia sowie an Aeroflot ausgeliefert.

# Tupolew TU-134

*Eine Tupolew TU-134A-3 der in Moskau beheimateten Kosmos auf dem Flughafen Domodedowo.*

Bei ihrem Erstflug 1963 hatte sich bestimmt niemand vorgestellt, dass die TU-134 auch fast 50 Jahre später noch immer ihren Dienst versehen würde. Potenzielle Nachfolgemuster hat es in der Zwischenzeit schließlich in Hülle und Fülle gegeben. Aber sei es, dass diese Typen nicht alle der ihnen zugedachten Aufgaben wahrnehmen konnten, sei es, dass sie aufgrund der Umwälzungen im Osten gegen Ende der achtziger Jahre nicht in ausreichender Zahl oder gleich überhaupt nicht gebaut wurden – Tupolews Zweistrahler war auch zum Anfang des 21. Jahrhunderts auf den Flughäfen des ehemaligen sowjetischen Einflussbereich zu Hause.

Die TU-134 begann ihre Karriere als verlängerte Version der TU-124, erfuhr allerdings während der Entwicklungsphase so starke Modifikationen, dass sich das Ausgangsmuster in der neuen Maschine kaum noch widerspiegelte. Konsequenterweise ließ man daraufhin auch die ursprünglich vorgesehene Bezeichnung TU-124A fallen. Die beiden Triebwerke waren ans Heck gerutscht,

# Tupolew

und der Entwurf erhielt ein T-Leitwerk, so dass er schließlich mehr einer DC-9 ähnelte als der TU-124. Der verglaste Bug, ein Überbleibsel aus der Bombervergangenheit der TU-104 und Arbeitsplatz des Navigators, blieb allerdings auch dem Neuling erhalten; das Radar wurde stattdessen in einer Ausbeulung an der Rumpfunterseite untergebracht. In der vergleichsweise spartanisch eingerichteten Kabine fanden 72 Passagiere auf in Viererreihe angebrachten Sitzen Platz, das Cockpit war für eine fünfköpfige Besatzung ausgelegt. Auffällig war die gegenüber vergleichbaren westlichen Mustern sehr große Flügelpfeilung von 35 Grad. Weil für die beiden Solowjew-D-30-I-Triebwerke keine Schubumkehrer vorgesehen waren, verfügte die TU-134 über einen Bremsfallschirm zur Verkürzung der Landedistanzen. Ab September 1967 war die TU-134 auf vielen Strecken der Aeroflot und von Airlines befreundeter Länder zu finden.

### Ohne Bremsfallschirm

Im Jahr 1970 begannen die Auslieferungen der um 2,10 Meter verlängerten TU-134A, deren Kabine nun 76 bis 80, bei späteren Varianten sogar bis zu 96 Personen aufnehmen konnte. Stärkere D-30-Turbofans gehörten ebenso zum Standard der TU-134A wie eine im Heck installierte Hilfsgasturbine (APU). Abgeschafft wurde dagegen der Bremsfallschirm, der einem normalen Schubumkehrsystem weichen musste. Die TU-134A gab es in zwei Varianten, zum einen mit nach wie vor verglastem Bug, der „Radarbeule" unter dem Rumpf und fünfköpfiger Cockpitbesatzung, zum anderen mit einer Drei-Mann-Cockpitcrew und in der Flugzeugnase installiertem Radar.

Ausgehend von der TU-134A entstand in den Folgejahren eine ganze Reihe von Varianten für zivile und militärische Anwendungen, so dass die TU-134 mit insgesamt 852 gebauten Exemplaren zu einem der erfolgreichsten Verkehrsflugzeuge der Sowjetunion wurde. Noch heute stehen weltweit rund 100 TU-134 im Einsatz, wobei das Muster auch als Businessjet mit VIP-Interieur Verwendung gefunden hat. Von westeuropäischen Flughäfen ist der zweistrahlige Jet aufgrund seiner relativ lauten Triebwerke aber inzwischen so gut wie verschwunden. ∎

| TU-134A | |
|---|---:|
| Erstflug[1] | 29. Juli 1963 |
| Länge | 37,10 m |
| Spannweite | 29,00 m |
| Höhe | 9,02 m |
| Rumpfdurchmesser | 2,90 m |
| Passagiere | 76 |
| Max. Abfluggewicht | 47.600 kg |
| Treibstoffvorrat | 13.200 l |
| Reichweite | 2.000 km |
| Reisegeschwindigkeit | 850 km/h |
| Antrieb | D-30 |
| Schub | 2 x 67 kN |
| Bestellungen | 852 |
| Wichtigste Betreiber | Aeroflot, Samara Airlines |

1) Erstflug des ursprünglichen Modells TU-134

# Tupolew TU-154

*Die TU-154M ist das wichtigste Muster in der Flotte von Dagestan Airlines aus der gleichnamigen russischen Kaukasusrepublik.*

Die TU-154, wenngleich äußerlich unspektakulär, gehört wohl zu den bekanntesten sowjetischen Mustern, denn viele Fluglinien des Warschauer Paktes und befreundeter Staaten setzten und setzen – allerdings aufgrund strenger Lärmschutzbestimmungen mit nachlassender Tendenz – dieses Flugzeug auf ihren Mittelstreckenverbindungen ins westliche Ausland ein.

Die Anforderungen an den neuen Jet, der seinen Erstflug am 4. Oktober 1968 absolvierte, waren hoch, denn er sollte mit der TU-104, der AN-10 und der IL-18 drei sehr unterschiedliche Flugzeuge ablösen. Heraus kam ein dreistrahliges Mittelstreckenflugzeug, das auf den ersten Blick der Boeing 727 oder der britischen Trident ähnelte, allerdings etwas größer und schwerer war. Wie praktisch alle bis dahin in der UdSSR entwickelten Verkehrsflugzeuge sollte auch die TU-154 von weniger gut ausgebauten Flughäfen sowie von schneebedeckten Start- und Landebahnen aus eingesetzt werden können, weshalb sie ein im Vergleich zu westlichen Mustern überdimensioniertes Fahrwerk mit jeweils sechs Reifen pro Hauptfahrwerksbein erhielt. Typisch für Tupolew-Entwürfe waren die großen Ausbuchtungen an den Tragflächenhinterkanten, in die das Hauptfahrwerk eingefahren wurde.

# Tupolew

Als Antrieb dienten NK-8-2-Turbofans von Kusnezow, die zwar recht durstig waren, aber dem Flugzeug zu kurzen Startstrecken auch von schlechten Pisten sowie dank der Schubumkehrklappen an den äußeren Triebwerken zu kurzen Landestrecken verhalfen.

Nach der Indienststellung bei Aeroflot im Jahr 1972 wurde der dreistrahlige Jet in großen Stückzahlen an die staatliche sowjetische Fluggesellschaft und an Airlines in anderen sozialistischen Ländern ausgeliefert. Der ursprünglichen TU-154 folgten die Versionen TU 154A und TU-154B mit größerer Treibstoff- und Passagierkapazität, die sich aber äußerlich kaum voneinander unterschieden und nach wie vor über NK-8-2-Triebwerke verfügten.

Letzteres änderte dann sich mit der TU-154M, die 1982 zum ersten Mal flog. Deren D-30KU-Antriebe von Awiadwigatel (Solowjew) waren erheblich leiser, verbrauchsgünstiger und nicht zuletzt zuverlässiger als die NK-8-2. Besonders dieser Version, deren Abfluggewicht auf mehr als 100 Tonnen stieg, war es zu verdanken, dass die TU-154 zusammen mit der TU-134 das Rückgrat des Luftverkehrs in der Sowjetunion und ihren Nachfolgestaaten bildete.

Auch als mit der TU-204 längst ein modernes Nachfolgemuster parat stand, wurde der Dreistrahler weiter gebaut. Erst im Jahr 2006 verließ das letzte von mehr als 900 Exemplaren die Endmontagelinie. ∎

| TU-154M | |
|---|---:|
| Erstflug[1] | 4. Oktober 1968 |
| Länge | 48,00 m |
| Spannweite | 37,50 m |
| Höhe | 11,40 m |
| Rumpfdurchmesser | 3,80 m |
| Passagiere | 164-180 |
| Max. Abfluggewicht | 104.000 kg |
| Reichweite | 4.000 km |
| Reisegeschwindigkeit | 850 km/h |
| Antrieb | D-30KU |
| Schub | 3 x 104 kN |
| Bestellungen[2] | › 900 |
| Wichtigste Betreiber | Dagestan Airlines, UTair Aviation, Yakutia Airlines |
| 1) Erstflug der TU-154 | |
| 2) Alle TU-154-Versionen | |

# Tupolew TU-204

*Ein Tupolew-TU-204-100-Frachter der Aviastar.*

Die TU-204 gehörte gemeinsam mit der IL-96 zu den ersten wirklich modernen sowjetischen (jetzt russischen) Verkehrsflugzeugen, und beiden teilen das Schicksal, dass sich die an sie geknüpften hohen Erwartungen nicht annähernd erfüllt haben.

Die TU-204, die äußerlich an Boeings 757 erinnert, war als Nachfolgerin der TU-154 vorgesehen und sollte mit ihren neuen PS-90-Triebwerken, einer „Fly by Wire"-Flugsteuerung, einem Glascockpit (allerdings nach wie vor für eine dreiköpfige Besatzung), einem superkritischen Tragflügelprofil und einem hohen Anteil an Verbundwerkstoffen eine neue Ära im Flugzeugbau der UdSSR einläuten.

Obgleich das zweistrahlige Mittelstreckenmuster erst am 2. Januar 1989 seinen Jungfernflug absolvierte, war es schon nach wenigen Jahren sehr leicht, angesichts einer großen Zahl von realisierten, geplanten und wieder verworfenen sowie geplanten und noch nicht umgesetzten Varianten den Überblick zu verlieren. Eine Verwirrung, die symptomatisch ist für die Situation der Luftfahrtindustrie auf dem Gebiet der ehemaligen Sowjetunion. Während in der „guten alten Zeit" eine einmal festgelegte Konfiguration – oft genug nach

| TU-204-120/TU-214 | |
|---|---:|
| Erstflug[1] | 2. Januar 1989 |
| Länge | 46,00 m |
| Spannweite | 42,00 m |
| Höhe | 13,90 m |
| Kabinenbreite | 3,57 m |
| Passagiere | 210 |
| Max. Abfluggewicht | 103.000 kg/110.750 kg |
| Treibstoffvorrat | 32.800 kg/35.710 kg |
| Reichweite | 4.100 km/4.340 km |
| Reisegeschwindigkeit | 850 km/h |
| Antrieb | RB211-535E4/PS-90A |
| Schub | 2 x 192/157 kN |
| Wichtige Betreiber | Dalavia, KMV, KrasAir |
| 1) Erstflug der TU-204 | |

einer sehr langen Erprobungsphase – mehr oder weniger unverändert über viele Jahre und in hunderten von Exemplaren gefertigt wurde, waren nun auf einmal selbst die Abnehmer im eigenen Land wählerisch geworden und sahen sich – der Konkurrenzdruck machte es möglich und nötig – auch jenseits der Grenzen nach dem für sie optimalen Gerät um. Der Versuch, mit den Wünschen der Kundschaft Schritt zu halten, führte dann zu der zu beobachtenden Variantenvielfalt.

Die ursprüngliche Version TU-204-100 mit PS-90A-Triebwerken wurde 1994 von den russischen Behörden zugelassen. Aus einer anfangs als TU-204-200 bezeichneten Version mit einem höheren Abfluggewicht wurde mittlerweile die TU-214, während die TU-204-120 im Prinzip eine mit RB211-535-Triebwerken von Rolls-Royce ausgerüstete -100 war. Erste Auslieferungen dieses Typs erfolgten im 1998 an die ägyptische Cairo Aviation.

Pläne für eine Rolls-Royce-getriebene Variante mit gesteigertem Abfluggewicht (TU-204-220 oder kurzzeitig auch TU-224) sind augenscheinlich wieder zu den Akten gelegt worden. Angeboten wird dagegen weiterhin eine verkürzte TU-204-300 (zwischenzeitlich auch einmal als TU-234 vermarktet), die 2003 zum ersten Mal flog, ebenfalls mit PS-90A-Triebwerken ausgerüstet ist und in geringer Stückzahl auch eingesetzt wird. TU-204-100, TU-204-120 und TU-214 sind überdies auch als Nurfrachter erhältlich.

Die Vielzahl der Varianten kann nicht darüber hinwegtäuschen, dass das TU-204-Programm in wirtschaftlicher Hinsicht bislang alles andere als ein Erfolg ist. Selbst die heimischen Fluggesellschaften entschieden sich, sofern sie nicht die TU-154 weiterhin betreiben, im Zweifel lieber für Flugzeuge der A320-Familie oder die Boeing 737.

Vermutlich wird das auch die jüngste Variante mit der Bezeichnung TU-204SM nicht ändern können. Sie startete am 29. Dezember 2010 zum Jungfernflug und sollte noch im Jahr 2011 erstmals in Dienst gestellt werden. Die TU-204SM, die über ein modernisiertes Zwei-Mann-Cockpit sowie PS-90A2-Triebwerke verfügt, hat gegenüber dem Basismodell TU-204-100 bei gleichen Abmessungen erheblich an Gewicht eingebüßt, ist aber immer noch schwerer als eine vergleichbare A321.

| TU-204-100/300 ||
|---|---:|
| Erstflug[1] | 2. Januar 1989 |
| Länge | 46,00 m/40,00 m |
| Spannweite | 42,00 m |
| Höhe | 13,90 m |
| Kabinenbreite | 3,57 m |
| Passagiere | 210/164 |
| Max. Abfluggewicht | 103.000 kg/107.500 kg |
| Treibstoffvorrat | 32.800 kg/36.000 kg |
| Reichweite | 4.100 km/5.800 kg |
| Reisegeschwindigkeit | 850 km/h |
| Antrieb | PS-90A |
| Schub | 2 x 157 kN |
| Wichtige Betreiber | KrasAir, Vladivostok Avia |

1) Erstflug der TU-204

*Mehr als 17.000 Düsenverkehrsflugzeuge – vom Regionaljet bis zur Boeing 747 – stehen gegenwärtig weltweit im Einsatz.*

# Die Autoren

### Achim Figgen

Dass sein Beruf einmal „etwas mit Flugzeugen" zu tun haben musste, stand für den 1969 geborenen Sauerländer schon seit seiner Kindheit fest. Folgerichtig absolvierte er zunächst ein Studium der Luft- und Raumfahrttechnik an der Universität Stuttgart, ehe er sich 1995 vom Ingenieursleben ab- und dem Schreiben zuwandte, um für das Zivilluftfahrtmagazin Aero International zu arbeiten. Dort ist er auch heute noch tätig und befasst sich vorrangig mit den Themenbereichen Business Aviation sowie Industrie und Technik. Als Co-Autor hat er darüber hinaus bereits mehrere Bücher zum Thema Luftfahrt, unter anderem über den Airbus A380, verfasst.

### Brigitte Rothfischer

Die Fliegerei hat sie schon von Kindesbeinen an interessiert, und das Studium der Sprachwissenschaften in München konnte für die 1966 in Nürnberg Geborene nur ein kurzer Umweg auf dem Weg zu einer intensiven Beschäftigung mit der Luftfahrt sein. Seit Herbst 1995 arbeitet sie als Redakteurin für Aero International, wo sie sich vorrangig mit den Themenbereichen Flughäfen und Fluglinien beschäftigt.

### Dietmar Plath

Der 1954 geborene Otterstedter gehört zu den erfahrensten Fotografen in der Welt zwischen Himmel und Erde. Über 100 Länder auf allen Kontinenten besuchte Dietmar Plath, um interessante Flugzeuge in den kühnsten und exotischsten Farben und Bemalungen oder vor faszinierenden Landschaften festzuhalten und der Öffentlichkeit zu vermitteln. Neben vielen Kalendern demonstrieren zahlreiche Luftfahrtbücher und Bildbände sowie eindrucksvolle Fotoreportagen in renommierten Magazinen wie GEO, Stern, Time, Flight International und Aviation Week sein vielseitiges Repertoire. Seit 1997 leitet er die Redaktion des Luftfahrtmagazins Aero International.

# Oldtimer der Lüfte

- **Luftfahrt-Historie in brillanten und seltenen Bildern**
- **Die besten Bausätze und Sammler-Modelle**
- **Aktuelle Airshow-Termine und Bildreportagen**
- **Bergungen und Restaurierungen als Exklusivberichte**
- **Mit der beliebten Sammelserie »Deutsche Flugzeugtypen«**

**Jetzt am Kiosk** » online blättern und günstiges Vorteilspaket sichern unter: **www.flugzeug-classic.de**

# Impressum — Bildnachweis

**Unser komplettes Programm:**
**www.geramond.de**

Produktmanagement: Wolf-Heinrich Kulke
Layout: imprint, Zusmarshausen
Repro: Cromika s.a.s., Verona
Herstellung: Anna Katavic
Printed in Italy by Printer Trento S.r.l.

Alle Angaben dieses Werkes wurden von den Autoren sorgfältig recherchiert und auf den aktuellen Stand gebracht sowie vom Verlag geprüft. Für die Richtigkeit der Angaben kann jedoch keine Haftung übernommen werden. Für Hinweise und Anregungen sind wir jederzeit dankbar. Bitte richten Sie diese an:

GeraMond Verlag
Lektorat
Postfach 40 02 09
D-80702 München
E-Mail: lektorat@verlagshaus.de

Bildnachweis: Airbus (Vorderseite); Boeing Commercial (Rückseite)

Die Deutsche Nationalbibliothek verzeichnet diese Publikation in der Deutschen Nationalbibliografie; detaillierte bibliografische Daten sind im Internet über http://dnb.d-nb.de abrufbar.

© 2011 GeraMond Verlag GmbH, München
ISBN 978-3-86245-311-5

Airbus: Seite 45, 46, 52, 53;
Air Hamburg: 117;
Archiv Dietmar Plath:
6-11, 26, 116, 122, 140-142, 180, 184;
ATR: 22;
Bombardier: 14, 15, 17, 104;
Boeing: 73, 74/75, 89, 95-98;
Embraer: 18, 21, 136-140;
Chris Witt: 56, 158;

Alle anderen Fotos von Dietmar Plath